Einstern

3

Themenheft 4

- Multiplikation und Division
- Gewichte
- Geld
- Kombinatorik und Wahrscheinlichkeit

Erarbeitet von Roland Bauer und Jutta Maurach

In Zusammenarbeit mit der Redaktion Mathematik Grundschule

Cornelsen

Inhaltsverzeichnis

Lernportion 1 Wiederholung und Vertiefung von Mal- und Geteiltaufgaben

Lernportion 2 Multiplikation und Division mit Zehnern und Hundertern

Lernportion 3 Gewichte

Lernportion 4 Halbschriftliche Multiplikation und Division

Lernportion 5 Geld

Lernportion 6 Kombinatorik und Wahrscheinlichkeit

1 Löse die Kernaufgaben.

a) 1 · 4 = 4
1 · 6 =
1 · 8 =

b) 2 · 6 =
2 · 9 =
2 · 3 =

c) 5 · 4 =
5 · 7 =
5 · 8 =

d) 10 · 3 =
10 · 9 =
10 · 7 =

2 Bilde die Tauschaufgaben. Löse dann die Kernaufgaben.

a) 3 · 2 =
6 · 5 =
9 · 5 =

b) 7 · 2 =
8 · 1 =
7 · 5 =

c) 3 · 1 =
8 · 5 =
4 · 2 =

d) 4 · 5 =
6 · 10 =
8 · 2 =

3 Rechne mit den Kernaufgaben.

a) 5 · 8 =
1 · 8 =
6 · 8 =

b) 5 · 4 =
2 · 4 =
7 · 4 =

c) 2 · 7 =
1 · 7 =
3 · 7 =

d) 5 · 6 =
2 · 6 =
7 · 6 =

e) 5 · 6 =
1 · 6 =
4 · 6 =

f) 10 · 5 =
1 · 5 =
9 · 5 =

g) 5 · 7 =
1 · 7 =
4 · 7 =

h) 10 · 4 =
2 · 4 =
8 · 4 =

4 Löse die Aufgaben mithilfe von Kernaufgaben im Kopf.

a) 6 · 8 =
7 · 5 =
3 · 6 =

b) 6 · 7 =
7 · 3 =
3 · 9 =

c) 8 · 2 =
4 · 7 =
8 · 3 =

d) 4 · 9 =
9 · 7 =
8 · 6 =

★ Kernaufgaben aus verschiedenen Einmaleinsreihen lösen
★ mithilfe der Kernaufgaben weitere Multiplikationsaufgaben erschließen

1 Suche dir ein anderes Kind. Jeder von euch schreibt auf Kärtchen die Zahlen von 0 bis 10 und legt diese verdeckt vor sich auf den Tisch. Nun deckt jeder von euch eine Karte auf. Bildet aus den beiden Zahlen zwei Malaufgaben und nennt die passende Lösung.

2 Löse die Aufgaben.

a)	b)	c)	d)
3 · 6 = 18	3 · 9 =	8 · 3 =	8 · 5 =
7 · 8 =	7 · 2 =	7 · 4 =	6 · 4 =
5 · 7 =	0 · 5 =	8 · 6 =	9 · 9 =
5 · 6 =	7 · 6 =	7 · 3 =	7 · 7 =
4 · 8 =	9 · 7 =	9 · 8 =	4 · 9 =

3 Finde zu den vorgegebenen Ergebnissen verschiedene Malaufgaben.

a)	b)	c)	d)
9 · 2 = 18	☐ · ☐ = 12	☐ · ☐ = 24	☐ · ☐ = 40
☐ · ☐ = 18	☐ · ☐ = 12	☐ · ☐ = 24	☐ · ☐ = 40
☐ · ☐ = 18	☐ · ☐ = 12	☐ · ☐ = 24	☐ · ☐ = 40
☐ · ☐ = 18	☐ · ☐ = 12	☐ · ☐ = 24	☐ · ☐ = 40

4 Finde Aufgabenpaare nach dem vorgegebenen Muster.

a)	b)
3 · 8 = 6 · 4	10 · 4 = 5 · 8
3 · 4 = 6 · 2	8 · 3 = 4 · 6
2 · 8 = ☐ · ☐	6 · 2 = ☐ · ☐
4 · 6 = ☐ · ☐	4 · 3 = ☐ · ☐

★ Multiplikationsaufgaben aus verschiedenen Einmaleinsreihen lösen ★ zu vorgegebenen Produkten verschiedene Multiplikationsaufgaben finden ★ **MK:** Muster von Aufgabenpaaren erkennen und weitere Aufgabenpaare nach vorgegebenem Muster bilden

1 Schreibe zu jedem Bild eine Geteiltaufgabe und eine Malaufgabe.

a) 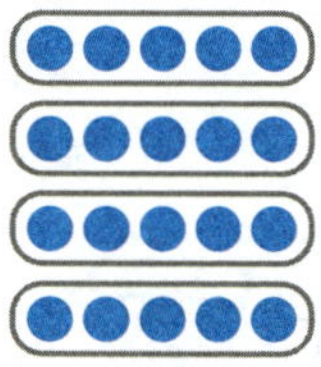

20 : 5 = 4

4 · 5 = 20

b) 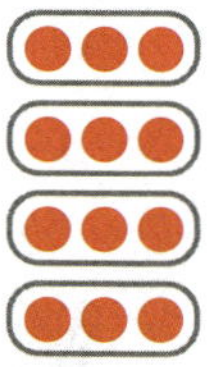

c) 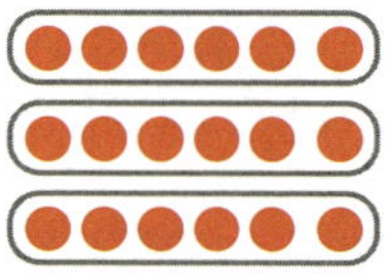

d) 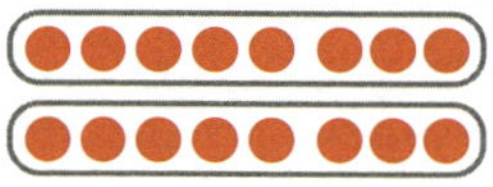

e) 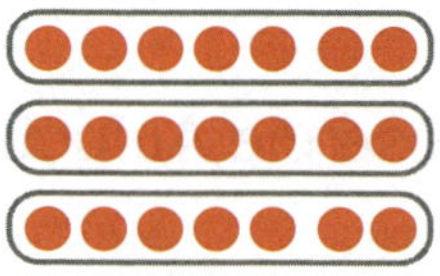

2 Löse die Geteiltaufgaben. Kontrolliere jedes Ergebnis mit der Umkehraufgabe.

a) 27 : 3 = 9, denn 9 · 3 = 27

b) 63 : 7 = ___, denn

c) 36 : 9 = ___, denn

d) 48 : 6 = ___, denn

e) 20 : 4 = ___, denn

f) 24 : 8 = ___, denn

3 Ergänze die fehlenden Zahlen.

a) 35 : 7 = 5

b) 48 : ___ = 8

c) 56 : ___ = 7

d) 21 : ___ = 7

e) 63 : ___ = 9

f) 15 : ___ = 3

4 Finde jeweils Zahlen, zu denen es mindestens drei verschiedene Geteiltaufgaben gibt.

a) 24 : 3 = 8
24 : ___ = ___
24 : ___ = ___

b) ___ : ___ = ___
___ : ___ = ___
___ : ___ = ___

c) ___ : ___ = ___
___ : ___ = ___
___ : ___ = ___

★ zu Rechenbildern Divisions- und Multiplikationsaufgaben finden ★ Divisionsaufgaben lösen und mithilfe der Umkehraufgabe kontrollieren ★ in Divisionsaufgaben den Divisor ergänzen ★ zu gleichen Dividenden verschiedene Divisionsaufgaben finden

1 Schreibe zu jedem Bild die passende Geteiltaufgabe mit Rest (R).

a)

16 : 6 = 2 R 4

b)

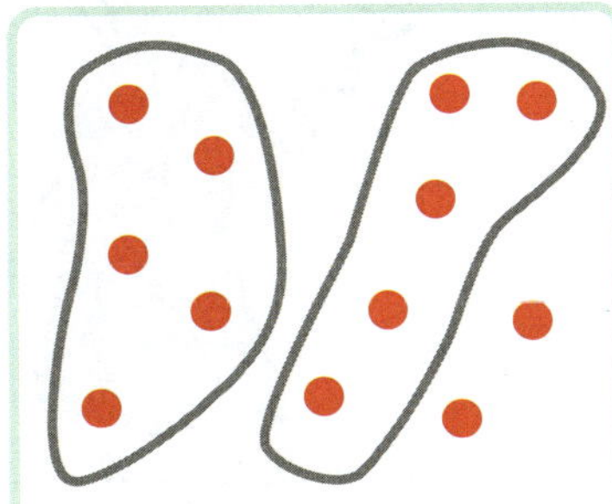

c)

2 Löse die Aufgaben. Löse immer zuerst die obere Aufgabe.

a) 18 : 3 = 6
20 : 3 = 6 R 2

b) 20 : 4 = ☐
23 : 4 = ☐ R ☐

c) 24 : 6 = ☐
28 : 6 = ☐ R ☐

d) 30 : 5 = ☐
32 : 5 = ☐ R ☐

e) 21 : 7 = ☐
26 : 7 = ☐ R ☐

f) 16 : 8 = ☐
23 : 8 = ☐ R ☐

3 Löse die Aufgaben. Kontrolliere jedes Ergebnis mit der Umkehraufgabe.

a) 23 : 6 = 3 R 5, denn
3 · 6 + 5 = 23

b) 30 : 4 = ☐ R ☐, denn

c) 46 : 8 = ☐ R ☐, denn

d) 26 : 3 = ☐ R ☐, denn

e) 29 : 5 = ☐ R ☐, denn

f) 36 : 7 = ☐ R ☐, denn

4 Überlegt, welche Reste entstehen können. Ergänzt die Sätze.

a) Bei : 2 können folgende Reste entstehen: 1 .

b) Bei : 4 können folgende Reste entstehen: ____________ .

c) Bei : 5 können folgende Reste entstehen: ____________ .

d) Bei : ☐ können folgende Reste entstehen: ____________ .

★ zu Rechenbildern Divisionsaufgaben mit Rest finden ★ Divisionsaufgaben ohne und mit Rest lösen ★ Divisionsaufgaben mit Rest lösen und mithilfe der Umkehraufgabe kontrollieren ★ in Abhängigkeit des Divisors mögliche Reste erkennen

Die Punkt-vor-Strich-Regel kennenlernen

Mathematiker haben festgelegt: Immer zuerst mal und geteilt rechnen, erst dann plus und minus.

$7 + 2 \cdot 6 = 7 + 12 = 19$

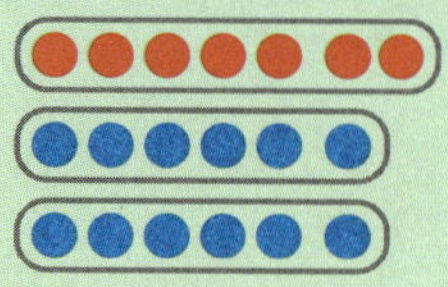

$4 \cdot 5 - 2 = 20 - 2 = 18$

$35 : 7 + 3 = 5 + 3 = 8$

$9 - 42 : 6 = 9 - 7 = 2$

Punktrechnung (· und :) vor Strichrechnung (+ und –)

1 Löse die Aufgaben. Beachte die Punkt-vor-Strich-Regel.

a) $20 + 3 \cdot 4 =$ 20 + 12 = 32
$7 + 4 \cdot 5 =$ ______
$12 + 9 \cdot 7 =$ ______

b) $3 \cdot 6 + 30 =$ ______
$9 \cdot 4 + 8 =$ ______
$3 \cdot 8 + 12 =$ ______

c) $40 - 2 \cdot 5 =$ ______
$32 - 7 \cdot 3 =$ ______
$20 - 2 \cdot 7 =$ ______

d) $8 \cdot 8 - 20 =$ ______
$9 \cdot 4 - 12 =$ ______
$9 \cdot 5 - 10 =$ ______

e) $5 + 45 : 9 =$ ______
$16 + 12 : 4 =$ ______
$15 + 40 : 8 =$ ______

f) $35 : 5 + 12 =$ ______
$63 : 7 + 38 =$ ______
$72 : 9 + 27 =$ ______

g) $40 - 10 : 2 =$ ______
$36 - 24 : 4 =$ ______
$27 - 35 : 5 =$ ______

h) $49 : 7 - 2 =$ ______
$36 : 4 - 5 =$ ______
$24 : 3 - 6 =$ ______

2 Schreibe zu jeder Rechengeschichte (G) die Rechnung (R) und Antwort (A).

a) G: Meral, Tobi und Lena teilen sich 12 Schokoküsse gleichmäßig auf. Lena schenkt Max zwei ihrer Schokoküsse.

R: ______

A: ______

b) G: Ole bekommt vier Päckchen mit Sammelbildern. In jedem Päckchen sind fünf Bilder. Er schenkt seiner Schwester sechs Sammelbilder.

R: ______

A: ______

ÜH 49

★ die Punkt-vor-Strich-Regel kennenlernen ★ die Punkt-vor-Strich-Regel beim Lösen von Aufgaben anwenden ★ zu vorgegebenen Rechengeschichten passende Aufgaben finden und unter Beachtung der Punkt-vor-Strich-Regel lösen

1 Löse die Aufgaben.

a) $6 \cdot 7 + 2 \cdot 4 =$ 42 + 8 = 50

$5 \cdot 5 + 3 \cdot 7 =$

$4 \cdot 3 + 9 \cdot 4 =$

$9 \cdot 6 + 2 \cdot 6 =$

b) $3 \cdot 9 - 4 \cdot 5 =$

$6 \cdot 8 - 5 \cdot 3 =$

$7 \cdot 7 - 8 \cdot 4 =$

$9 \cdot 8 - 7 \cdot 3 =$

2 Bilde aus den Ziffernkärtchen und den Rechenzeichen mindestens sechs Aufgaben wie in Aufgabe 1 a). Schreibe sie auf und löse sie.

Seite 9 Aufgabe 2
a) ...

a) 2 3 4 6 · +

b) 5 7 1 2 · +

3 Betrachtet eure Aufgaben und Lösungen in Aufgabe 2.

a Was fällt euch auf?

b Überlegt, wie ihr die Kärtchen zusammenstellen müsst, um das größte und das kleinste Ergebnis zu erhalten.

4 Löse die Aufgaben.

a) $63 : 9 + 35 : 7 =$ 7 + 5 = 12

$18 : 2 + 24 : 3 =$

$30 : 6 + 28 : 4 =$

$32 : 8 + 45 : 5 =$

b) $72 : 8 - 6 : 1 =$

$42 : 6 - 16 : 4 =$

$40 : 5 - 21 : 7 =$

$27 : 3 - 81 : 9 =$

5 Bilde aus den Ziffernkärtchen und den Rechenzeichen mindestens zwei Aufgaben wie in Aufgabe 4 a). Schreibe sie auf und löse sie.

Seite 9 Aufgabe 5
a) ...

a 50 30 10 5 : +

b 24 12 6 4 : +

6 Überlegt, wie ihr die Kärtchen in Aufgabe 5 zusammenstellen müsst, um das größte und das kleinste Ergebnis zu erhalten.

* Multiplikations- und Divisionsaufgaben addieren und subtrahieren und dabei die Punkt-vor-Strich-Regel beachten * aus Ziffernkärtchen und Rechenzeichen Aufgaben zusammenstellen und lösen

1 Löse die Malaufgaben. Kreise das Kästchen mit dem richtigen Ergebnis ein.

a)
5 · 7 = | 35 | 40 | 28 |
8 · 4 = | 24 | 32 | 36 |
6 · 8 = | 40 | 48 | 54 |
9 · 5 = | 35 | 50 | 45 |

b)
3 · 6 = | 12 | 18 | 24 |
6 · 7 = | 42 | 35 | 21 |
5 · 4 = | 15 | 28 | 20 |
9 · 6 = | 60 | 54 | 42 |

c)
8 · 6 − 4 = | 52 | 48 | 44 |
5 · 3 + 5 = | 10 | 20 | 15 |
9 · 3 − 6 = | 33 | 21 | 27 |
3 · 7 + 8 = | 29 | 13 | 21 |

2 Löse die Geteiltaufgaben. Kreise das Kästchen mit dem richtigen Ergebnis ein.

a)
42 : 7 = | 7 | 6 | 9 |
64 : 8 = | 8 | 6 | 9 |
27 : 9 = | 5 | 4 | 3 |
63 : 7 = | 8 | 9 | 7 |

b)
32 : 8 = | 6 | 8 | 4 |
45 : 9 = | 4 | 5 | 8 |
28 : 7 = | 3 | 4 | 6 |
35 : 5 = | 7 | 8 | 6 |

c)
72 : 8 − 7 = | 3 | 2 | 5 |
36 : 9 + 5 = | 8 | 7 | 9 |
49 : 7 − 3 = | 4 | 5 | 7 |
30 : 5 + 4 = | 6 | 10 | 9 |

3 Ergänze passende Zahlen.

a)
6 · 6 = 36
☐ · 8 = 40
7 · 7 = ☐

b)
7 · 9 = ☐
☐ · 4 = 20
4 · ☐ = 32

c)
☐ · 7 = 49
7 · ☐ = 56
6 · 9 = ☐

d)
21 : 7 = ☐
☐ : 6 = 4
14 : ☐ = 7

e)
16 : ☐ = 8
☐ : 3 = 9
30 : 6 = ☐

f)
36 : 4 = ☐
21 : ☐ = 7
☐ : 8 = 6

4 Kontrolliere die Aufgaben. Verbessere die Fehler.
Tipp: In jedem Päckchen ist eine Aufgabe falsch.

a)
4 · 9 = 36 ✓
7 · 8 = ~~54~~ 56
9 · 7 = 63 ✓

b)
8 · 5 = 40
3 · 7 = 21
7 · 0 = 7

c)
6 · 5 = 35
4 · 4 = 16
7 · 6 = 42

d)
48 : 8 = 7
54 : 6 = 9
45 : 9 = 5

e)
45 : 5 = 9
32 : 4 = 8
18 : 3 = 5

f)
24 : 6 = 4
40 : 5 = 6
72 : 8 = 9

★ Multiplikations- und Divisionsaufgaben lösen und das richtige Ergebnis auswählen ★ bei Multiplikations- und Divisionsaufgaben passende Zahlen für Platzhalter an verschiedenen Stellen finden ★ falsch gelöste Aufgaben identifizieren und korrigieren

Sprechen wie die Mathematiker:
*Mal rechnen heißt **multiplizieren**.*
*Das Ergebnis heißt **Produkt**.*
*Teilen heißt **dividieren**.*
*Das Ergebnis heißt **Quotient**.*

multiplizieren ·
dividieren :

1 Finde die passende Aufgabe und löse sie.

Multipliziere 5 mit 7.

Dividiere 56 durch 7.

Bilde das Produkt aus der größten einstelligen Zahl und 8.

Bilde den Quotient aus 27 und 3.

Bilde das Produkt aus 6 und 4. Dividiere dann durch 8.

Dividiere 70 durch das Produkt von 2 und 5.

2 Umrande die passenden Kärtchen mit der gleichen Farbe.
Löse die Aufgaben.

- Multipliziere 3 mit 6.
- Dividiere 6 durch 3.
- Wenn du deine Zahl mit 3 multiplizierst, erhältst du 6.
- Wenn du deine Zahl durch 6 dividierst, erhältst du 3.

- ☐ : 6 = 3
- ☐ · 3 = 6
- 6 : 3 = ☐
- 3 · 6 = ☐

3 Löse die Aufgaben.
Schreibe zu den Rechnungen einen passenden Text.
Prüfe zum Schluss, ob deine Texte zu den Aufgaben passen.

a) 7 · 8 = ■ b) 72 : 9 = ■
c) 24 : 3 − 5 = ■ d) 6 · 4 + 5 · 2 = ■

Seite 11 Aufgabe 3
a) 7 · 8 = 5 6
Multipliziere 7 mit 8.
b) ...

★ **SF:** Begriffe „multiplizieren", „dividieren", „Produkt" und „Quotient" kennenlernen und verwenden ★ **SF:** Fachbegriffe bei der Lösung und beim Erstellen von Zahlenrätseln anwenden

D 50

4 + 4 + 4 = 12
3 · 4 = 12

40 + 40 + 40 = 120
3 · 40 = 120

3 · 4 = 12
und 3 · 40 = 120
sind **verwandte Aufgaben**.

1 Schreibe zu jedem Bild eine Additions- und eine Multiplikationsaufgabe.

a) 

6 + 6 = 12
2 · 6 = 12
60 + 60 = 120
2 · 60 = 120

b) 

c) 

2 Löse die Aufgaben.
Du kannst auch Rechenbilder zeichnen oder mit Zehnerstangen legen.

a) 3 · 6 = 18
3 · 60 = 180

b) 7 · 5 =
7 · 50 =

c) 6 · 4 =
6 · 40 =

d) 8 · 3 =
8 · 30 =

e) 3 · 7 =
3 · 70 =

f) 7 · 8 =
7 · 80 =

3 Denke dir selbst drei passende Aufgabenpaare aus.

☐ · ☐ = ☐
☐ · ☐ = ☐

☐ · ☐ = ☐
☐ · ☐ = ☐

☐ · ☐ = ☐
☐ · ☐ = ☐

B

- ★ zu Rechenbildern verwandte Additions- und Multiplikationsaufgaben finden
- ★ Multiplikationsaufgaben mithilfe verwandter Aufgaben lösen
- ★ selbst verwandte Aufgaben finden

3 · 2 = 6

3 · 20 = 60

1 Finde und löse zuerst die kleine Aufgabe.

a) 4 · 8 = 32
4 · 80 = ___

b) ___ · ___ = ___
5 · 70 = ___

c) ___ · ___ = ___
9 · 90 = ___

2 Löse zuerst die kleine Aufgabe im Kopf. Löse dann die Aufgabe.

a) 3 · 30 = ___
b) 9 · 70 = ___
c) 5 · 40 = ___
d) 3 · 80 = ___
e) 7 · 20 = ___
f) 8 · 30 = ___

3 Löse die Tauschaufgaben.

a) 4 · 70 = ___
70 · 4 = ___

b) 5 · 90 = ___
90 · 5 = ___

c) 7 · 80 = ___
80 · 7 = ___

4 Löse die Aufgaben mithilfe der Tauschaufgaben.

a) 40 · 8 = ___
b) 60 · 7 = ___
c) 90 · 2 = ___
d) 30 · 4 = ___
e) 50 · 6 = ___
f) 40 · 9 = ___

5 Finde passende Malaufgaben.

a) 15 = ___ · ___
150 = ___ · ___
150 = ___ · ___

b) 21 = ___ · ___
210 = ___ · ___
210 = ___ · ___

c) 54 = ___ · ___
540 = ___ · ___
540 = ___ · ___

* verwandte Aufgaben aus dem kleinen Einmaleins sowie Tauschaufgaben finden und als Rechenhilfe nutzen * zu vorgegebenen Produkten verschiedene Multiplikationsaufgaben finden

Dividieren durch Zehnerzahlen

20 : 5 = 4

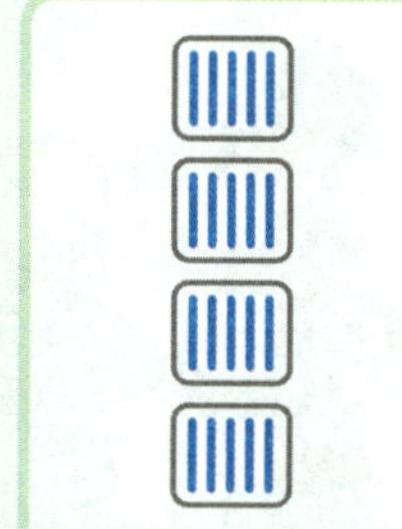

200 : 50 = 4

1 Schreibe zu jedem Bild die passende Multiplikations- und Divisionsaufgabe.

a) 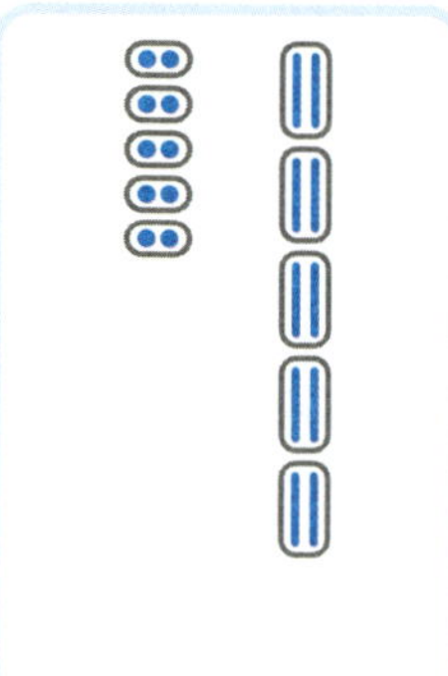

5 · 2 = 10
10 : 2 = 5
5 · 20 = 100
100 : 20 = 5

b) 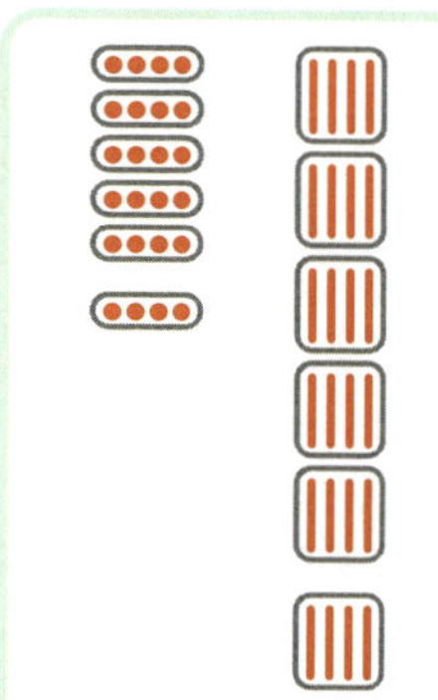

c) 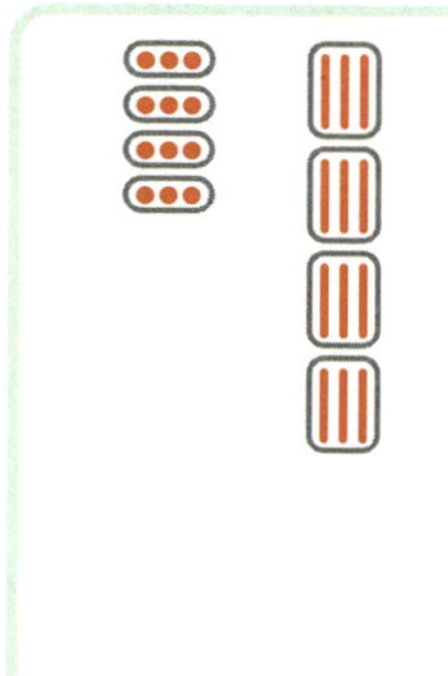

d) 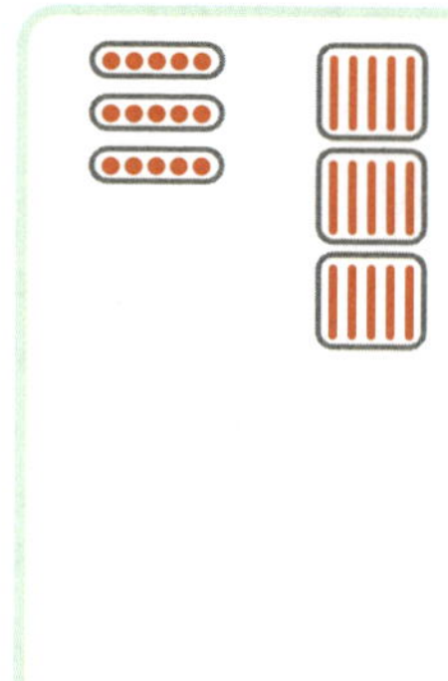

2 Löse die Aufgaben.
Du kannst auch Rechenbilder zeichnen oder mit Zehnerstangen legen.

a) 56 : 7 = 8
560 : 70 = 8

b) 30 : 5 = ___
300 : 50 = ___

c) 28 : 4 = ___
280 : 40 = ___

d) 18 : 2 = ___
180 : 20 = ___

e) 36 : 9 = ___
360 : 90 = ___

f) 48 : 6 = ___
480 : 60 = ___

g) 15 : 3 = ___
150 : 30 = ___

h) 24 : 8 = ___
240 : 80 = ___

3 Denke dir selbst drei passende Aufgabenpaare aus.

___ : ___ = ___
___ : ___ = ___

___ : ___ = ___
___ : ___ = ___

___ : ___ = ___
___ : ___ = ___

* zu Rechenbildern verwandte Multiplikations- und Divisionsaufgaben finden
* Divisionsaufgaben mithilfe verwandter Aufgaben lösen
* selbst verwandte Aufgaben finden

240 : 30 = 8, denn
8 · 30 = 240

240 : 3 = 80, denn
80 · 3 = 240

1 Löse die Aufgaben. Die Umkehraufgabe kann dir helfen.

a)	b)	c)	d)
18 : 3 = 6	27 : 9 =	24 : 4 =	54 : 6 =
180 : 30 = 6	270 : 90 =	240 : 40 =	540 : 60 =
180 : 3 = 60	270 : 9 =	240 : 4 =	540 : 6 =

2 Löse zuerst die kleine Aufgabe im Kopf. Löse dann die Aufgaben.

a)	b)	c)	d)
280 : 70 = 4	350 : 50 =	720 : 90 =	560 : 80 =
280 : 7 = 40	350 : 5 =	720 : 9 =	560 : 8 =

e)	f)	g)	h)
180 : 60 =	420 : 70 =	400 : 80 =	160 : 40 =
180 : 6 =	420 : 7 =	400 : 8 =	160 : 4 =

3 Löse die Aufgaben.
Kontrolliere jedes Ergebnis mit der Umkehraufgabe.

a) 420 : 60 =	b) 160 : 20 =	c) 450 : 50 =
d) 480 : 80 =	e) 240 : 30 =	f) 490 : 70 =
g) 250 : 5 =	h) 280 : 4 =	i) 540 : 9 =
j) 320 : 8 =	k) 240 : 6 =	l) 400 : 5 =

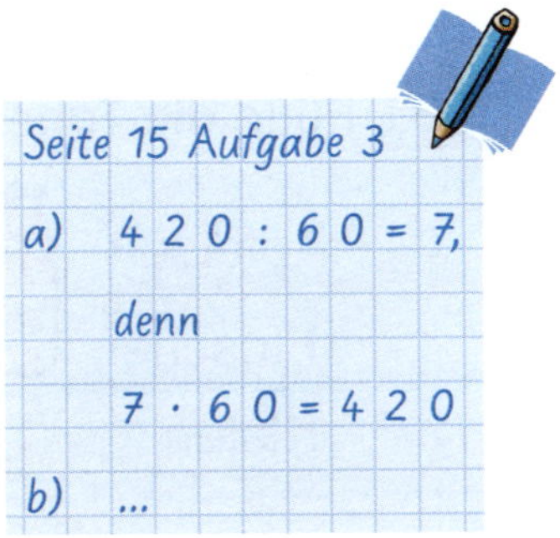

4 Erstelle gemeinsam mit einem anderen Kind ein Lege- oder Kartenspiel zum Üben von Multiplikations- und Divisionsaufgaben.

* verwandte Divisionsaufgaben mit Einer- und Zehnerzahlen als Divisor mithilfe der Umkehraufgaben lösen * durch Zehner- und Einerzahlen dividieren, mithilfe der Umkehraufgabe kontrollieren * **MK:** Spiel zum Üben von Multiplikations- und Divisionsaufgaben erstellen

1 Berechne die Anzahl der Flaschen.

a)

2 Kisten Apfelsaft	2 · 30 = 60
4 Kisten Apfelsaft	
6 Kisten Apfelsaft	

b)

2 Kisten Orangensaft	
4 Kisten Orangensaft	
6 Kisten Orangensaft	

2 Berechne die Anzahl der Kisten.

a)

90 Flaschen Apfelsaft	90 : 30 = 3
150 Flaschen Apfelsaft	
210 Flaschen Apfelsaft	

b)

60 Flaschen Orangensaft	
100 Flaschen Orangensaft	
160 Flaschen Orangensaft	

3 Fülle die Tabellen vollständig aus.

a) Apfelsaft

Flaschen	30		120		180		240		90	
Kisten	1	5		2		7		10		9

b) Orangensaft

Flaschen	20	180		80		40		120		160
Kisten	1		3		10		7		5	

★ zu einer Sachsituation passende Multiplikations- und Divisionsaufgaben mit Zehnerzahlen finden und lösen

4 · 2 = 8
4 · 20 = 80
4 · 200 = 800

8 : 2 = 4
80 : 2 = 40
800 : 2 = 400

1 Löse die verwandten Aufgaben.

a) 3 · 2 =
3 · 20 =
3 · 200 =

b) 2 · 5 =
2 · 50 =
2 · 500 =

c) 3 · 3 =
3 · 30 =
3 · 300 =

d) 7 · 1 =
7 · 10 =
7 · 100 =

e) 8 : 4 =
80 : 4 =
800 : 4 =

f) 6 : 3 =
60 : 3 =
600 : 3 =

g) 6 : 2 =
60 : 2 =
600 : 2 =

h) 4 : 2 =
40 : 2 =
400 : 2 =

2 Finde und löse zuerst die kleinen Aufgaben.

a) 2 · 3 = 6
· =
2 · 300 =

b) · =
· =
8 · 100 =

c) : =
: =
1000 : 5 =

3 Löse die Aufgaben mithilfe der Tauschaufgaben.

a) 1 · 5 =
10 · 5 =
100 · 5 =

b) 2 · 3 =
20 · 3 =
200 · 3 =

c) 4 · 2 =
40 · 2 =
400 · 2 =

d) 3 · 3 =
30 · 3 =
300 · 3 =

4 Löse die Aufgaben mithilfe der Umkehraufgaben.

a) 6 : 2 =
60 : 20 =
600 : 200 =

3 · 2 = 6
3 · 20 = 60
3 · 200 = 600

b) 9 : 3 =
90 : 30 =
900 : 300 =

c) 8 : 4 =
80 : 40 =
800 : 400 =

4 · heißt das **4-Fache**.
: 4 heißt der **4. Teil**.

Das 4-Fache von 5 ist 20.
Der 4. Teil von 20 ist 5.

1 Schreibe passende Rechenaufgaben auf.

a) das 3-Fache von 50
3 · 50 = 150

b) der 8. Teil von 320

c) das 5-Fache von 80

d) die Hälfte von 240

e) das 40-Fache von 5

f) der 9. Teil von 540

g) das 20-Fache von 7

h) das Doppelte von 90

i) der 6. Teil von 300

2 Löse die Zahlenrätsel. Schreibe deine Rechenschritte auf.

Meine Zahl ist um 30 kleiner als das 4-Fache von 200.

Meine Zahl erhältst du, wenn du zum 5. Teil von 400 noch 120 addierst.

Halbiere das 40-Fache von 3. So erhältst du meine Zahl.

Verdopple den 4. Teil von 800. So erhältst du meine Zahl.

3 Finde selbst weitere Zahlenrätsel.
Stelle sie einem anderen Kind vor.
Bitte es, seinen Lösungsweg zu beschreiben.

Seite 18 Aufgabe 3
...

D 53

∗ **SF:** verbale Beschreibungen in Multiplikations- und Divisionsaufgaben übertragen
∗ Zahlenrätsel in zwei nacheinander ausgeführte Rechnungen übertragen

1 Finde zu jeder Rechengeschichte (G) eine Frage (F) und die passende Rechnung (R). Prüfe zum Schluss, ob Geschichte, Frage und Rechnung zusammenpassen.

a) G: Im Theater gibt es immer 40 Sitze in einer Reihe. Alle sieben Reihen sind voll besetzt.

F:

R:

b) G: Im Zirkuszelt gibt es 720 Plätze. In jeder Reihe können 80 Personen sitzen.

F:

R:

c) G: Immer sechs Dosen Hundefutter sind in einem Karton. Die Zoohandlung bekommt 20 Kartons geliefert.

F:

R:

d) G: Die Lehrerin verteilt 160 Perlen an acht Kinder.

F:

R:

2 Schreibe zu jeder Rechnung (R) eine Rechengeschichte (G).

a R: $3 \cdot 50 = 150$

b R: $350 : 70 = 5$

c R: $70 \cdot 3 = 210$

d R: $200 : 5 = 40$

Seite 19 Aufgabe 2
a) ...

e Prüfe gemeinsam mit einem anderen Kind, ob deine Rechengeschichten zu den Rechnungen passen.

3 Schreibe die Rechnung (R) und den Antwortsatz (A) auf.

G: Lisa, Lea und Patrick wollen 600 Einladungen zum Schulfest verteilen. Sie teilen sie gleichmäßig untereinander auf. Patrick gibt seinem Bruder 50 Stück zum Auslegen an dessen Schule.
F: Wie viele Einladungen muss Patrick noch verteilen?

R:

A:

★ zu Sachsituationen passende Fragen, Rechnungen und Antworten finden
★ SF: zu vorgegebenen Multiplikations- und Divisionsaufgaben passende Rechengeschichten formulieren und auf Plausibilität prüfen

Mit der Hand und der Kleiderbügelwaage „wiegen“

1 Suche die oben abgebildeten Gegenstände.

a) Vergleiche wie Tim das Gewicht von zwei Gegenständen mit den Händen. Lege die Gegenstände dem Gewicht nach geordnet in eine Reihe. Beginne mit dem leichtesten.

b) Überprüfe dein Ergebnis wie Lea mit der Kleiderbügelwaage.

2 Suche selbst weitere Gegenstände. Vergleiche ihr Gewicht mit der Kleiderbügelwaage. Schreibe die Ergebnisse der Vergleiche in dein Heft.

Seite 20 Aufgabe 2
...

... ist leichter als ... | ... ist schwerer als ... | ... ist genauso schwer wie ...

3 Überprüfe die Aussagen mithilfe der Kleiderbügelwaage. Kreuze an.

	richtig	falsch
Der Bleistift ist leichter als die Schere.	○	○
Die Schere ist schwerer als das Buch.	○	○
Das Buch ist leichter als der Stift.	○	○
Der Radiergummi ist schwerer als das Lineal.	○	○

4 Kann man mit den Händen und der Kleiderbügelwaage immer genau vergleichen, welcher Gegenstand schwerer ist? Besprecht eure Überlegungen.

* Masse von Gegenständen mit den Händen und mit der Kleiderbügelwaage vergleichen und ordnen * Aussagen bewerten * Möglichkeiten und Grenzen bei Massevergleichen von Gegenständen mit den Händen und der Kleiderbügelwaage reflektieren

1 Mit der Balkenwaage oder der Tafelwaage kannst du das Gewicht von zwei Gegenständen vergleichen.

a) Suche jeweils zwei Gegenstände. Vergleiche ihr Gewicht mit der Balkenwaage oder Tafelwaage. Schreibe die Ergebnisse von fünf Vergleichen in dein Heft.

Seite 21 Aufgabe 1
a) ...

b) Vergleiche nun das Gewicht von drei Gegenständen. Ergänze dazu die Pfeilbilder.

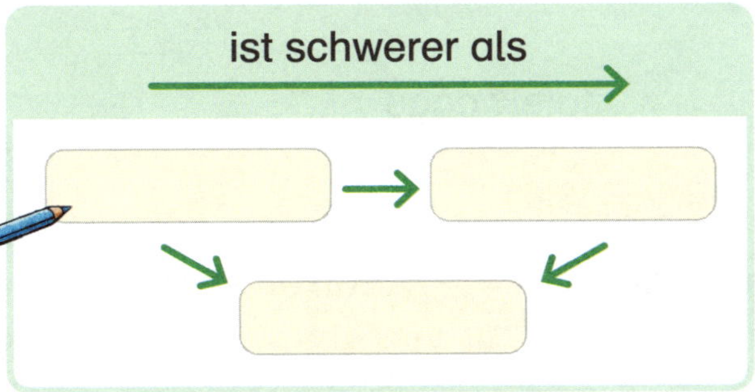

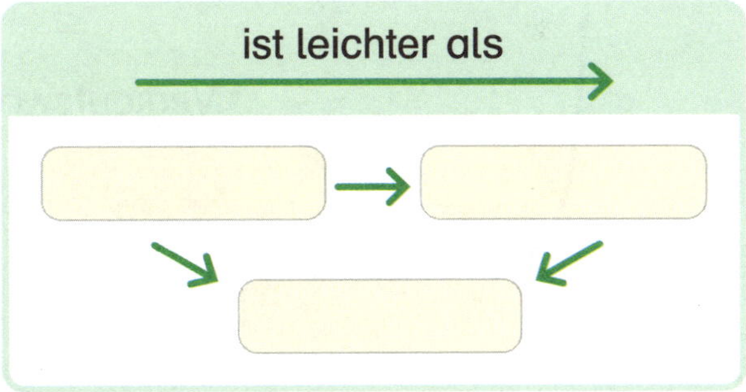

2 Suche gemeinsam mit einem anderen Kind weitere Gegenstände. Vergleicht ihr Gewicht. Schätzt zuerst und vergleicht dann mit der Balkenwaage oder der Tafelwaage.

3 Besprecht, was ihr mit der Balkenwaage oder der Tafelwaage feststellen könnt. Könnt ihr bestimmen, wie schwer ein Gegenstand ist? Könnt ihr herausfinden, um wieviel ein Gegenstand schwerer ist als ein anderer?

* Massevergleiche von Gegenständen mit der Tafel- oder Balkenwaage durchführen
* **SF:** Massevergleiche verbalisieren und in einem Pfeilbild notieren * **SF:** Möglichkeiten und Grenzen beim erprobten Umgang mit der Balken- und Tafelwaage reflektieren

1 Ordne die Namen zu. Verbinde.

Personenwaage

Kofferwaage

Zeigerwaage

Verkaufswaage

Tafelwaage

Briefwaage

Küchenwaage

Balkenwaage

2 Überlege, wo die Waagen genutzt werden und was damit gewogen wird.
Besprich deine Überlegungen mit anderen Kindern oder auch mit deinen Eltern.

Beim Wiegen mit der Tafelwaage musst du die Gewichtsstücke so zusammenstellen, dass beide Seiten in Balance sind.

*Gewichte werden in den Einheiten **Gramm** oder **Kilogramm** angegeben.*

1 000 Gramm sind 1 Kilogramm.

1 000 g = 1 kg

1 kg = 1 000 g

1 Bestimme, wie viel das Obst wiegt.

a) 

1 kg

b) 

c) 

d) 

e) 

f) 

2 Bestimme mit der Tafelwaage, wie schwer die Gegenstände sind.

a) Suche dir diese Gegenstände.

Mäppchen	
Bleistift	
Füller	
Einstern-Themenheft	
Lesebuch	

b) Suche dir eigene Gegenstände.

1 Auf Lebensmittelverpackungen stehen fast immer Gewichtsangaben. Erkunde zu Hause oder beim nächsten Einkauf, welche Gewichtsangaben sich auf verschiedenen Verpackungen finden. Notiere Lebensmittel und ihre Gewichtsangaben.

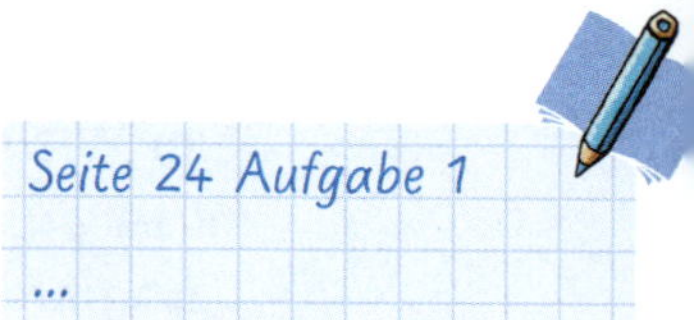

2 Gestaltet eine Ausstellung.

a) Bringt volle oder leere Lebensmittelverpackungen, auf denen ihr Gewichtsangaben findet, in die Schule mit. Stellt sie auf einem Ausstellungstisch aus.

b) Betrachtet euren Ausstellungstisch. Findet Lebensmittel, die 1000 g, 500 g, 250 g oder 100 g wiegen.

3 Ordne folgenden Dingen die passende Gewichtsangabe zu. Verbinde.

100 g 2 g 200 g 750 g 2 g 500 g 250 g 10 g 50 g 1000 g

4 Erstellt Plakate, auf denen ihr Dinge sammelt, die ungefähr so viel wiegen:

1 g 10 g 100 g 200 g

500 g 1 kg 5 kg 10 kg

Sucht die Dinge in eurer Umgebung, in Prospekten und im Internet.

* Masseangaben auf Verpackungen erkunden, in der Klasse eine Ausstellung gestalten
* Masseangaben vorgegebenen Lebensmitteln passend zuordnen
* MK: Plakate gestalten, Vergleichsgrößen aufbauen

1 Bestimme, wie viel das Obst wiegt.

a) 

_____ g

b) 

_____ g

c) 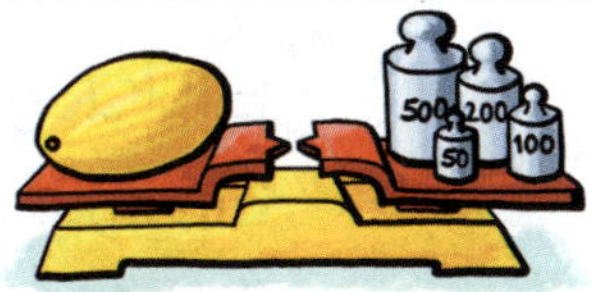

_____ g

2 Ordne die Gewichtsangaben passend zu.

1 g | ~~10 g~~ | 100 g | 250 g | 500 g | 1 kg | 10 kg | 100 kg

10 g

_____

_____

_____

_____

_____

_____

_____

3 Setze die Gewichtsangabe g oder kg passend ein.

a) Eine Tube Zahnpasta wiegt ungefähr 100 g .

b) Ein Adler wiegt ungefähr 6 _____ .

c) Eine Packung Mehl wiegt ungefähr 1 _____ .

d) Ein Kugelschreiber wiegt ungefähr 10 _____ .

e) Eine Kartoffel wiegt ungefähr 90 _____ .

f) Eine Tintenpatrone wiegt ungefähr 1 _____ .

g) Ein Löwe wiegt ungefähr 190 _____ .

h) Ein Textmarker wiegt ungefähr 16 _____ .

* bei einer abgebildeten Wiegesituation die Masse bestimmen
* Masseangaben vorgegebenen Gegenständen aus dem Alltag passend zuordnen
* Masseangaben die Einheiten g und kg passend zuordnen

*Die Hälfte heißt **ein halb** ($\frac{1}{2}$).*
*Der vierte Teil ist **ein Viertel** ($\frac{1}{4}$).*

Ein Kilogramm sind 1 000 g.	1 kg = 1 000 g
Ein halbes Kilogramm sind 500 g.	$\frac{1}{2}$ kg = 500 g
Ein viertel Kilogramm sind 250 g.	$\frac{1}{4}$ kg = 250 g
Drei viertel Kilogramm sind 750 g.	$\frac{3}{4}$ kg = 750 g
Eineinhalb Kilogramm sind 1 kg und 500 g.	$1\frac{1}{2}$ kg = 1 kg und 500 g

1 Immer zwei Gewichtsangaben sind gleich. Verbinde.

1 000 g	250 g	1 kg 500 g	750 g	500 g
$\frac{1}{2}$ kg	1 kg	$\frac{1}{4}$ kg	$\frac{3}{4}$ kg	$1\frac{1}{2}$ kg

2 Berechne jeweils die fehlenden Angaben.

voll	1 000 g	$\frac{1}{4}$ kg	$\frac{1}{2}$ kg	100 g		450 g
verbraucht	80 g			25 g	180 g	
Rest	*920 g*	175 g	280 g		20 g	108 g

3 *Zutaten für 12 Bananen-Haferflocken-Muffins*

120 g Mehl	*1 Teelöffel Backpulver*
120 g Haferflocken	*2 Eier*
70 g Zucker	*2 zerdrückte Bananen*
80 g Butter	

a Schreibe die Zutatenliste für 6 Muffins auf.

b Lea backt für ihre Klasse. Sie braucht Zutaten für 24 Muffins. Schreibe die Zutaten auf.

c Berechne, wie viel in den Packungen übrig ist, wenn 24 Muffins gebacken wurden.

Seite 26 Aufgabe 3
a) 6 0 g Mehl
⋮
b) ...

★ Masseangaben in kg mit Bruchzahlen kennenlernen und in g umwandeln
★ zu einer in Tabellenform dargestellten Sachsituation Masseangaben berechnen
★ Mengenangaben eines Rezepts halbieren und verdoppeln

	kg	100 g	10 g	1 g	
1 kg 25 g =	1	0	2	5	= 1,025 kg

Das Komma trennt kg und g.
1 kg 25 g = 1,025 kg

Eins Komma null zwei fünf Kilogramm.

1 Lies die Gewichtsangaben in der Tabelle ab. Notiere sie auf drei Arten.

kg	100 g	10 g	1 g	
0	3	5	4	*0 kg 354 g = 0,354 kg = 354 g*
0	2	0	5	
0	7	5	0	
1	5	0	0	
1	0	5	6	

2 Vergleiche. Setze die Zeichen <, > oder = passend ein.

a) 180 g *<* 750 g
1 kg 250 g ◯ 1,025 kg
580 g ◯ $\frac{1}{2}$ kg

b) 1 kg 50 g ◯ 1,5 kg
75 g ◯ $\frac{3}{4}$ kg
0,250 kg ◯ 250 g

c) 275 g ◯ 0,275 kg
0,500 kg ◯ $\frac{1}{4}$ kg
$1\frac{1}{2}$ kg ◯ 950 g

3 Ordne die Gewichtsangaben.

a) Beginne mit der kleinsten Gewichtsangabe.

0,250 kg 520 g 0,052 kg ~~25 g~~ $1\frac{1}{2}$ kg

25 g <

b) Beginne mit der größten Gewichtsangabe.

45 g 405 g 0,450 kg $\frac{1}{2}$ kg 0,054 kg

* Kommaschreibweise bei Masseangaben kennenlernen
* Masseangaben in einer Tabelle ablesen und in andere Schreibweisen übertragen
* Masseangaben in unterschiedlichen Einheiten vergleichen und der Größe nach ordnen

1 Bestimme die Gewichtsstücke, die du zum Abwiegen der folgenden Gewichte benötigst. Benutze so wenige wie möglich.

a) Zeichne die Gewichte vereinfacht auf.

310 g: (200 g) (100 g) (10 g)

425 g: ______

708 g: ______

80 g: ______

b) Schreibe als Additionsaufgabe.

226 g = 200 g + 20 g + 5 g + 1 g

654 g = ______

576 g = ______

175 g = ______

2 Mit den angegebenen Gewichtsstücken wurde gewogen. Bestimme die Summe.

500 g	200 g	100 g	100 g	50 g	20 g	10 g	10 g	5 g	2 g	2 g	1 g	gesamt
	×	×		×	×		×		×	×	×	385 g
×	×	×				×	×		×		×	
								×	×		×	
×			×	×	×			×				

3 Ergänze.

a)

600 g + 400 g = 1 000 g

750 g + ______ = 1 000 g

$\frac{1}{2}$ kg + ______ = 1 000 g

b)

300 g + ______ = 1 kg

850 g + ______ = 1 kg

$\frac{3}{4}$ kg + ______ = 1 kg

c)

450 g + ______ = 500 g

370 g + ______ = 500 g

$\frac{1}{4}$ kg + ______ = 500 g

4 Löse die Aufgaben. Wandle zuerst alle Gewichtsangaben im Kopf in Gramm um.

a) 0,800 kg + 0,200 kg = 1 kg

0,250 kg + 0,250 kg = ______

0,310 kg + 0,550 kg = ______

b) 0,750 kg – 0,250 kg = ______

1,000 kg – 0,300 kg = ______

0,350 kg – 0,050 kg = ______

* beim Wiegen benötigte Wägestücke rechnerisch ermitteln * die Gesamtmasse über verwendete Wägestücke berechnen * Masseangaben bis zur vorgegebenen Masse ergänzen * Additionsaufgaben und Subtraktionsaufgaben mit Masseangaben in Kommazahlen lösen

1 Bestimme, wie viel deine Schultasche und ihr Inhalt wiegen.

a) Schätze, wie viel deine gepackte Schultasche wiegt.
Bestimme dann das Gewicht mit einer Waage.

b) Schreibe alle Gegenstände, die du in deiner Schultasche hast, in die Tabelle.
Schätze, wie viel sie wiegen, und schreibe es dazu.

c) Bestimme mit der Waage, wie viel die einzelnen Gegenstände wiegen. Schreibe es dazu. Wie genau hast du geschätzt?

Muss ich alles mitnehmen?

Gegenstand	Gewicht geschätzt	Gewicht gewogen	kann zu Hause bleiben
gepackte Schultasche			
leere Schultasche			

2 Nach Empfehlung der Kinderkommission des Deutschen Bundestages sollte deine Schultasche höchstens so schwer sein:

Körpergewicht	Ranzen – Höchstgewicht
18 bis 23 kg	2,2 bis 2,8 kg
24 bis 28 kg	2,9 bis 3,4 kg
29 bis 33 kg	3,5 bis 4,0 kg
34 bis 38 kg	4,1 bis 4,6 kg
39 bis 43 kg	4,7 bis 5,2 kg

a) Überlege, was du zu Hause lassen kannst, damit deine Tasche leichter wird.
Kreuze die Gegenstände in Aufgabe 1 an.

b) Bestimme, wie viel deine Schultasche ohne die aussortierten Gegenstände wiegt.

✶ Gesamtmasse der vollen Schultasche bestimmen
✶ von Gegenständen in der Schultasche die Masse schätzen und wiegen
✶ überprüfen, ob die Gesamtmasse der Empfehlung entspricht

1 Die beiden Mobiles sind im Gleichgewicht.
Bestimme, wie viel die einzelnen Teile wiegen.

a)

Fisch: ____

Seepferdchen: ____

Tintenfisch: 360 g

Seestern: ____

b)

rote Blume: ____

blaue Blume: ____

gelbe Blume: ____

orange Blume: ____

2 Berechne, wie schwer die Kinder sind. Vergleiche dein Vorgehen und deine Ergebnisse mit denen eines anderen Kindes.
Überlegt gemeinsam, ob die Ergebnisse stimmen können.

a) Tim ist 4 kg schwerer als Sofie.
Zusammen wiegen sie 52 kg.

Tim: ____ kg
Sofie: ____ kg

b) Lea und Maja sind gleich schwer.
Sie wiegen zusammen 54 kg.
Beide sind je 3 kg leichter als Ole.

Lea: ____ kg
Maja: ____ kg
Ole: ____ kg

c) Max und Lisa wiegen zusammen 51 kg.
Lisa ist 5 kg leichter als Max.

Max: ____ kg
Lisa: ____ kg

* Knobelaufgaben zum Ausbalancieren eines Mobiles lösen * **MK:** aus einer Sachaufgabe relevante Informationen entnehmen und berechnen, wie viel die Kinder wiegen
* Ergebnisse mit denen eines anderen Kindes vergleichen und auf Plausibilität prüfen

Ein Kleinwagen wiegt ungefähr **1 Tonne.**

Eine große Kuh wiegt ungefähr **1 Tonne.**

1 000 Kilogramm sind 1 Tonne.

1 000 kg = 1 t

1 t = 1 000 kg

1 Ordne Tiere und Gewichtsangaben passend zu.

a)

Elefant	1 t 600 kg
Giraffe	5 t
Blauwal	320 kg
Zebra	130 t

b)

Seeelefant	3 t
Eisbär	1 t 500 kg
Nashorn	4 t
Flusspferd	650 kg

2 Ordne die Fahrzeuge nach ihrem Gewicht. Beginne mit dem leichtesten. Trage dazu Nummern in die Kästchen ein.

☐ Bus: ungefähr 11 t

1 Fahrrad: ungefähr 13 kg

☐ E-Bike: ungefähr 22 kg

☐ mittelgroßes Auto: ungefähr 1 t 500 kg

☐ Kleintransporter: ungefähr 2 t

☐ Motorrad: ungefähr 200 kg

☐ großer LKW mit Anhänger: ungefähr 35 t

3 Ergänze auf 1 t.

a)

400 kg + ______ = 1 000 kg

250 kg + ______ = 1 000 kg

820 kg + ______ = 1 000 kg

b)

700 kg + ______ = 1 t

450 kg + ______ = 1 t

930 kg + ______ = 1 t

⋆ die Masseeinheit t kennenlernen ⋆ Tieren vorgegebene Masseangaben in t und kg passend zuordnen ⋆ Fahrzeuge nach ihrer Masse ordnen ⋆ Masseangaben bis zur vorgegebenen Gesamtmasse ergänzen

D 56

1 Wie rechnest du die Aufgabe 5 · 23?
Begründe deine Wahl einem anderen Kind.

2 Schreibe zu jedem Bild die passende Multiplikationsaufgabe und deine Rechenschritte auf.

a) 

4 · 31 =

b) 

c) 

d) 

e) 

f) 

★ beim schrittweisen Multiplizieren von zweistelligen Zahlen verschiedene Vorgehensweisen nachvollziehen, den eigenen Rechenweg auswählen, **SF:** Wahl begründen
★ mit dem eigenen Rechenweg zweistellige Zahlen schrittweise multiplizieren

3 Löse die Aufgaben. Schreibe deine Rechenschritte auf.

a) 6 · 54 =

b) 7 · 43 =

c) 3 · 74 =

d) 5 · 68 =

e) 6 · 95 =

f) 4 · 76 =

4 Bestimme die Aufgabe, die zu den Teilaufgaben gehört. Berechne die Ergebnisse.

a)
_ · _ =
5 · 20 =
5 · 7 =

b)
_ · _ =
7 · 8 =
7 · 60 =

c)
_ · _ =
4 · 70 =
4 · 9 =

5 Ergänze die fehlenden Zahlen.

a)
7 · _ 4 =
7 · _ = 140
7 · 4 =

b)
5 · 3 _ =
5 · 30 =
5 · _ = 35

c)
4 · _ =
4 · _ = 120
4 · _ = 24

6 Löse die Aufgaben mithilfe der Tauschaufgaben.

a)
73 · 5 = 365
70 · 5 = 350
3 · 5 = 15

b) 69 · 4 =

c) 32 · 9 =

* zweistellige Zahlen schrittweise multiplizieren und die eigenen Rechenschritte notieren
* zu vorgegebenen Rechenschritten die passende Multiplikationsaufgabe finden
* beim schrittweisen Multiplizieren von zweistelligen Zahlen fehlende Zahlen ergänzen

Multiplikationsaufgaben in Aufgabenreihen lösen und ergänzen

1 Löse die Aufgaben.

a) $2 \cdot 84 =$ $4 \cdot 42 =$ $8 \cdot 21 =$

b) $2 \cdot 96 =$ $4 \cdot 48 =$ $8 \cdot 24 =$

c) $56 \cdot 2 =$ $28 \cdot 4 =$ $14 \cdot 8 =$

d) Betrachtet die Aufgaben und Ergebnisse in a) bis c). Was stellt ihr fest?

2 Ergänze die Aufgabenreihen nach dem Muster in Aufgabe 1.

a) $2 \cdot 88 =$ $4 \cdot 4\_ =$ $8 \cdot 2\_ =$

b) $64 \cdot 2 =$ $3\_ \cdot 4 =$ $\_\_ \cdot 8 =$

c Finde selbst eine Aufgabenreihe.

★ zweistellige Zahlen schrittweise multiplizieren und die eigenen Rechenschritte notieren, dabei Aufgabenreihen erkennen ★ Aufgabenreihen nach vorgegebenem Muster fortsetzen ★ eigene Aufgabenreihe bilden ★ **MK:** Strukturen erkennen und nutzen

1 Löse die Aufgaben.

a) Rechne wie Meral.

9 · 57 | 9 · 23 | 32 · 9

b) Rechne wie Ole.

3 · 29 | 5 · 49 | 39 · 6

c) Rechne wie Max.

4 · 99 | 3 · 97 | 98 · 7

2 Rechne geschickt. Löse die Aufgaben im Kopf.

a) 3 · 99 = ☐ b) 9 · 35 = ☐ c) 4 · 49 = ☐

d) 26 · 9 = ☐ e) 8 · 29 = ☐ f) 98 · 5 = ☐

3 Löse die Aufgaben in deinem Heft. Rechne im Kopf oder schreibe deine Rechenschritte auf.

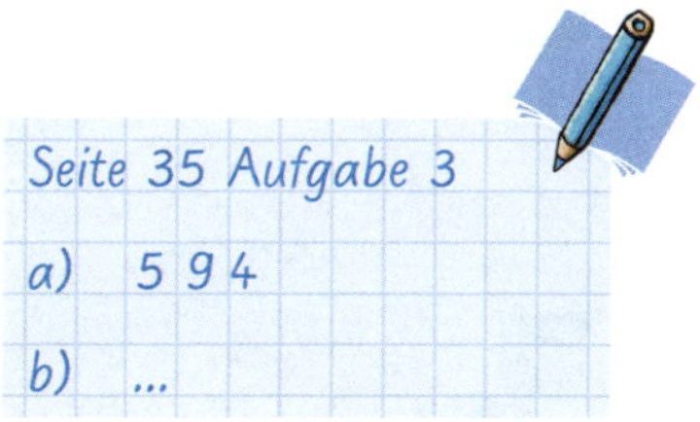

a) 99 · 6 = ☐ b) 3 · 52 = ☐ c) 9 · 27 = ☐

d) 29 · 5 = ☐ e) 9 · 25 = ☐ f) 4 · 98 = ☐

★ Rechenschritte zum vereinfachten Rechnen nachvollziehen und anwenden
★ vereinfachte Rechnungen finden und Aufgaben im Kopf lösen
★ entscheiden, welche Aufgaben im Kopf gelöst werden können

AH 57

1 Löse die Aufgaben. Rechne geschickt.
Markiere die Zahlen, die du zuerst multiplizierst.

a) 5 · 25 · 2 = ___
17 · 2 · 5 = ___
2 · 53 · 5 = ___

b) 5 · 7 · 4 = ___
15 · 0 · 4 = ___
6 · 2 · 35 = ___

c) 4 · 3 · 25 = ___
2 · 7 · 50 = ___
20 · 9 · 5 = ___

2 Löse die Aufgaben. Rechne geschickt.

a) 2 · 32 · 5 = ___
5 · 2 · 27 = ___
45 · 2 · 5 = ___

b) 9 · 6 · 5 = ___
2 · 7 · 25 = ___
2 · 45 · 0 = ___

c) 50 · 7 · 2 = ___
4 · 8 · 25 = ___
5 · 20 · 4 = ___

3 Finde selbst Aufgaben, die du mit dem Tipp der Kinder geschickt lösen kannst.

a) ___ · ___ · ___ = ___
b) ___ · ___ · ___ = ___
c) ___ · ___ · ___ = ___
d) ___ · ___ · ___ = ___

4 Bilde aus den Kärtchen passende Aufgaben.

2 4 5 6 8 20 25

a) ___ · ___ · ___ = 240
b) ___ · ___ · ___ = 250
c) ___ · ___ · ___ = 600
d) ___ · ___ · ___ = 800

* das Assoziativgesetz der Multiplikation kennenlernen und anwenden
* aus Aufgabenkärtchen nach Vorgabe geeignete Aufgaben zusammenstellen

1 Die Klasse von Lea und Tim hat bei einem Mal-Wettbewerb 100 € gewonnen. Die Kinder überlegen, was sie für die Pausenkiste anschaffen können.

a Überschlage, welche Anschaffungen möglich sind.

10 Springseile und 1 Fußball *80 € + 17 € = 97 €* *möglich*	5 Basketbälle und 2 Tischtennis-Sets	1 Pedalroller und 2 Moonhopper
10 Jonglierbälle und 4 Softbälle	4 Moonhopper und 1 Packung Straßenkreide	1 Pedalroller, 4 Tischtennis-Sets und 4 Gummitwist

b Suche selbst weitere Möglichkeiten.

2 Hier sind vier Aufgaben falsch. Finde sie mithilfe der Überschlagsrechnung.

a $4 \cdot 23 = 138$
$4 \cdot 20 = 80$, falsch

b $3 \cdot 86 = 204$

c $22 \cdot 8 = 176$

d $8 \cdot 48 = 324$

e $6 \cdot 69 = 414$

f $49 \cdot 5 = 545$

* Gesamtpreise überschlagen
* mithilfe der Überschlagsrechnung falsche Ergebnisse finden

51 : 3 = ☐

51 : 3 = 17
30 : 3 = 10
21 : 3 = 7

1 Löse die Aufgaben. Zerlege in zwei Teilaufgaben.

a) 91 : 7 =
70 : 7 = 10

b) 65 : 5 =

c) 78 : 6 =

d) 64 : 4 =

e) 45 : 3 =

f) 96 : 8 =

2 Bestimme die Aufgaben, die zu den Teilaufgaben gehören. Berechne die Ergebnisse.

a) ☐ : ☐ = ☐
40 : 4 = ☐
16 : 4 = ☐

b) ☐ : ☐ = ☐
50 : 5 = ☐
35 : 5 = ☐

c) ☐ : ☐ = ☐
30 : 3 = ☐
12 : 3 = ☐

d) ☐ : ☐ = ☐
60 : 6 = ☐
24 : 6 = ☐

e) ☐ : ☐ = ☐
70 : 7 = ☐
14 : 7 = ☐

f) ☐ : ☐ = ☐
80 : 8 = ☐
8 : 8 = ☐

3 Ergänze die fehlenden Zahlen.

a) 68 : ☐ = ☐
40 : ☐ = 10
☐ : ☐ = ☐

b) 48 : ☐ = ☐
30 : ☐ = 10
☐ : ☐ = ☐

c) 96 : ☐ = ☐
60 : ☐ = 10
☐ : ☐ = ☐

★ bei Divisionsaufgaben, deren Quotient einen Zehner hat, Rechenschritte finden und Aufgaben lösen ★ zu vorgegebenen Rechenschritten die passende Divisionsaufgabe finden ★ beim schrittweisen Dividieren fehlende Zahlen ergänzen

42 : 3 = ☐

42 : 3 = 14
30 : 3 = 10
12 : 3 = 4

14 · 3 = 42
10 · 3 = 30
4 · 3 = 12

1 Löse die Aufgaben. Kontrolliere mit der Umkehraufgabe.

a)
72 : 4 = 18
40 : 4 = 10
32 : 4 = 8

18 · 4 = 72
10 · 4 = 40
8 · 4 = 32

b) 90 : 6 =

· =

c) 153 : 9 =

· =

d) 96 : 8 =

· =

e) 95 : 5 =

· =

f) 112 : 7 =

· =

2 Löse die Zahlenrätsel. Finde eine passende Rechnung (R) und schreibe einen Antwortsatz (A).

Wenn du meine Zahl durch 5 dividierst, erhältst du als Quotienten 12.

Wenn du meine Zahl durch 8 dividierst, erhältst du als Quotienten 18.

Seite 39 Aufgabe 2
Lea
R: ...
A: Leas Zahl ist ...

4 Divisionsaufgaben mithilfe des Zehnereinmaleins schrittweise lösen

10 · 8 = 80
20 · 8 = 160
30 · 8 = 240
40 · 8 = 320
⋮

344 : 8 = ▢

344 : 8 = 43

---

320 : 8 = 40
24 : 8 = 3

1 Löse zuerst die Multiplikationsaufgaben.
Suche bei den Divisionsaufgaben zuerst die größte Zahl, die du gut dividieren kannst.

a)

10 · 4 =	340 : 4 =	172 : 4 =
20 · 4 =	: 4 =	: 4 =
30 · 4 =	: 4 =	: 4 =
40 · 4 =	248 : 4 =	148 : 4 =
50 · 4 =	: 4 =	: 4 =
60 · 4 =	: 4 =	: 4 =
70 · 4 =	204 : 4 =	296 : 4 =
80 · 4 =	: 4 =	: 4 =
90 · 4 =	: 4 =	: 4 =

b)

10 · 6 =	144 : 6 =	324 : 6 =
20 · 6 =	: 6 =	: 6 =
30 · 6 =	: 6 =	: 6 =
40 · 6 =	192 : 6 =	276 : 6 =
50 · 6 =	: 6 =	: 6 =
60 · 6 =	: 6 =	: 6 =
70 · 6 =	450 : 6 =	378 : 6 =
80 · 6 =	: 6 =	: 6 =
90 · 6 =	: 6 =	: 6 =

★ Divisionsaufgaben mithilfe des Zehnereinmaleins und des kleinen Einmaleins schrittweise lösen

2 Löse die Aufgaben in Schritten.
Suche zuerst die Aufgabe aus dem Zehnereinmaleins.

a) 477 : 9 =

b) 205 : 5 =

c) 472 : 8 =

d) 175 : 7 =

e) 168 : 4 =

f) 231 : 3 =

3 Bestimme die Aufgabe, die zu den Teilaufgaben gehört. Berechne die Ergebnisse.

a) ___ : ___ =
100 : 5 =
35 : 5 =

b) ___ : ___ =
450 : 5 =
40 : 5 =

c) ___ : ___ =
640 : 8 =
16 : 8 =

d) ___ : ___ =
490 : 7 =
63 : 7 =

e) ___ : ___ =
180 : 3 =
15 : 3 =

f) ___ : ___ =
480 : 6 =
42 : 6 =

4 Ergänze die fehlenden Zahlen.

a) 455 : ___ =
___ : 7 = 60
___ : ___ =

b) 378 : ___ =
360 : ___ = 40
___ : ___ =

c) 268 : ___ =
___ : 4 = 60
___ : 4 =

5 Löse die Aufgaben. Kontrolliere mit der Umkehraufgabe.

Seite 41 Aufgabe 5
a) ...

a) 336 : 4 = ___

b) 256 : 8 = ___

c) 365 : 5 = ___

Divisionsaufgaben mit Rest schrittweise lösen und kontrollieren

*** Ich zerlege geschickt.

86 : 7 = ▢ R ▢

86 : 7 = 12 R 2
70 : 7 = 10
16 : 7 = 2 R 2

*** Ich kontrolliere mit der Umkehraufgabe.

12 · 7 = 84
10 · 7 = 70
2 · 7 = 14

84 + 2 = 86

1 Löse die Aufgaben. Kontrolliere mit der Umkehraufgabe.

72 : 5 = 14 R 2
50 : 5 = 10
22 : 5 = 4 R 2

14 · 5 = 70
10 · 5 = 50
4 · 5 = 20

70 + 2 = 72

61 : 4 =

· =

165 : 7 =

· =

77 : 3 =

· =

75 : 6 =

· =

180 : 8 =

· =

2 Löse die Aufgaben. Kontrolliere mit der Umkehraufgabe.

a) 400 : 6 = ▢ b) 357 : 5 = ▢ c) 250 : 3 = ▢

Seite 42 Aufgabe 2
a) ...

* Divisionsaufgaben mit Rest mithilfe des Zehnereinmaleins und des kleinen Einmaleins schrittweise lösen und mithilfe der Umkehraufgabe kontrollieren

1 Bestimme die Aufgabe, die zu den Teilaufgaben gehört. Berechne die Ergebnisse.

___ : ___ = ___ R ___	___ : ___ = ___ R ___	___ : ___ = ___ R ___
60 : 6 = ___	40 : 4 = ___	640 : 8 = ___
34 : 6 = ___ R ___	18 : 4 = ___ R ___	35 : 8 = ___ R ___
___ : ___ = ___ R ___	___ : ___ = ___ R ___	___ : ___ = ___ R ___
70 : 7 = ___	60 : 3 = ___	360 : 6 = ___
24 : 7 = ___ R ___	23 : 3 = ___ R ___	32 : 6 = ___ R ___

2 Ergänze die fehlenden Zahlen.

75 : 4 = ___ R ___	___ : 5 = ___ R ___	___ : 6 = ___ R ___
___ : 4 = 10	___ : 5 = 10	___ : 6 = 90
___ : 4 = 8 R 3	___ : ___ = 6 R 1	19 : 6 = ___ R ___
___ : ___ = ___ R ___	___ : 2 = 47 R ___	___ : 5 = 55 R ___
___ : 3 = 20	___ : 2 = ___	___ : 5 = ___
17 : 3 = ___ R ___	15 : 2 = 7 R 1	27 : 5 = ___ R ___

3 Löse die Zahlenrätsel.
Finde eine passende Rechnung (R) und schreibe einen Antwortsatz (A).

Wenn du meine Zahl durch 3 dividierst, erhältst du als Quotienten 15 Rest 2.

Wenn du meine Zahl durch 8 dividierst, erhältst du als Quotienten 45 Rest 6.

Seite 43 Aufgabe 3
Maja:
R: ...
A: Majas Zahl ist ...
...

1 Löse die Aufgaben in Schritten.

a) 5 · 32 =
  · =
  · =

b) 6 · 72 =
  · =
  · =

c) 4 · 36 =
  · =
  · =

d) 84 : 7 =
  : =
  : =

e) 81 : 3 =
  : =
  : =

f) 72 : 4 =
  : =
  : =

2 Löse zuerst die Divisionsaufgabe. Finde die passende Umkehraufgabe und löse sie. Kreise zusammengehörige Kärtchen in der gleichen Farbe ein.

42 : 3 = 14
30 : 3 = 10
12 : 3 = 4

96 : 4 =
  : =
  : =

96 : 6 =
  : =
  : =

78 : 6 =
  : =
  : =

75 : 3 =
  : =
  : =

84 : 3 =
  : =
  : =

16 · 6 =
  · =
  · =

14 · 3 = 42
10 · 3 = 30
4 · 3 = 12

28 · 3 =
  · =
  · =

24 · 4 =
  · =
  · =

13 · 6 =
  · =
  · =

25 · 3 =
  · =
  · =

★ zweistellige Zahlen schrittweise multiplizieren und die eigenen Rechenschritte notieren ★ Divisionsaufgaben mithilfe des Zehnereinmaleins und des kleinen Einmaleins schrittweise lösen ★ Divisionsaufgaben die jeweils passende Umkehraufgabe zuordnen

$3 \cdot 15 < 50$

$3 \cdot 15 > 35$

Bei **Ungleichungen** ist eine Seite **kleiner** oder **größer** als die andere. Man verwendet die Zeichen < oder >.

$3 \cdot 15 = 45$

Bei **Gleichungen** sind beide Seiten **gleich**. Man verwendet das Zeichen =.

1 Löse die Aufgaben. Setze die Zeichen <, > oder = passend ein.

a) $4 \cdot 12$ ◯ 42
$5 \cdot 13$ ◯ 65
$6 \cdot 21$ ◯ 130

b) 63 : 3 ◯ 21
75 : 5 ◯ 17
96 : 8 ◯ 9

c) $120 \cdot 4$ ◯ 450
$110 \cdot 6$ ◯ 660
$210 \cdot 3$ ◯ 630

2 Löse die Aufgaben. Setze passende Zahlen ein.

a) $9 \cdot 12 >$ ___
$7 \cdot 13 <$ ___
$3 \cdot 13 =$ ___

b) 56 : 4 < ___
98 : 7 > ___
85 : 5 > ___

c) 720 : 8 = ___
651 : 7 > ___
639 : 9 < ___

3 Setze passende Zahlen ein.

a) $3 \cdot$ ___ $= 45$
$4 \cdot$ ___ < 300
$5 \cdot$ ___ > 100

b) ___ $\cdot 35 > 150$
___ $\cdot 21 < 65$
___ $\cdot 16 = 32$

c) 65 : ___ = 13
___ : 4 > 60
___ : 6 < 30

4 Löse die Aufgaben. Setze die Zeichen <, > oder = passend ein.

a) $5 \cdot 16$ ◯ $7 \cdot 16$
$3 \cdot 21$ ◯ $2 \cdot 24$
$4 \cdot 25$ ◯ $5 \cdot 20$

b) $3 \cdot 15$ ◯ $4 \cdot 13$
$3 \cdot 85$ ◯ $7 \cdot 30$
$5 \cdot 62$ ◯ $3 \cdot 130$

c) 36 : 4 ◯ 36 : 9
75 : 5 ◯ 180 : 9
240 : 3 ◯ 320 : 4

5 Setze passende Zahlen ein.

a) $2 \cdot 14 =$ ___ $\cdot 28$
$6 \cdot 15 =$ ___ $\cdot 30$

b) $4 \cdot 80 =$ ___ $\cdot 40$
$3 \cdot 40 =$ ___ $\cdot 20$

c) 240 : 4 = ___ : 8
160 : 2 = ___ : 4

★ **SF:** die Definition von „Gleichung" und „Ungleichung" kennenlernen
★ in Gleichungen und Ungleichungen <, >, = oder passende Zahlen ergänzen
★ **MK:** Muster und Strukturen in Aufgaben erkennen

[On]	„On“: schaltet den Taschenrechner ein
[OFF]	„Off“: schaltet den Taschenrechner aus
[C]	„Clear“: löscht die Rechnung
[CE]	„Clear entry“: löscht die letzte Eingabe
[×]	multipliziert die angezeigte Zahl
[÷]	dividiert die angezeigte Zahl
[+]	addiert zur angezeigten Zahl
[–]	subtrahiert von der angezeigten Zahl
[=]	zeigt das Ergebnis an
[.]	setzt ein Komma
Die übrigen Tasten benötigst du erst in den folgenden Schuljahren.	

1 Vergleiche die Tasten eines Taschenrechners mit den Tasten eines Handytaschenrechners.

2 Nutze die Tastatur für Versuche.

a) Tippe zunächst verschiedene Zahlen ein.
Lösche sie immer wieder mit der Taste [C].

b) Wie viele Ziffern kann dein Taschenrechner höchstens anzeigen?
Was geschieht, wen du noch mehr Zifferntasten drückst?

c) Löse mit deinem Taschenrechner diese einfachen Aufgaben:

Aufgabe	Tastenfolge
$4 + 3 = \square$	[4] [+] [3] [=]
$17 - 8 = \square$	[1] [7] [–] [8] [=]
$5 \cdot 6 = \square$	[5] [×] [6] [=]
$15 : 3 = \square$	[1] [5] [÷] [3] [=]
$1{,}5 + 0{,}5 = \square$	[1] [.] [5] [+] [0] [.] [5] [=]

3 Nutzt unterschiedliche Taschenrechner. Eingabe und Anzeige sind nicht immer gleich.
Gebt jeweils die Tastenfolge ein und schreibt die Anzeige auf.
Besprecht, was euch auffällt.

a) [7] [+] [3] [=]

b) [2] [0] [×] [3] [0] [=]

c) [9] [–] [5] [=]

d) [3] [6] [÷] [1] [2] [=]

Seite 46 Aufgabe 3
a) …

★ **MK:** die Funktion der Tasten beim Taschenrechner kennenlernen ★ **MK:** einfache Aufgaben mit dem Taschenrechner lösen ★ **MK:** verschiedene Taschenrechner vergleichen, ggf. von der Eingabe abweichende Anzeigen auf dem Taschenrechner erkennen

1 Löst die Aufgaben im Kopf, schriftlich oder mit dem Taschenrechner.
Begründet jeweils eure Wahl.

120 + 340 rechne ich schnell im Kopf.

a) 120 + 340
250 + 324
395 + 280

b) 5 · 7
3 · 50
4 · 43

c) 860 – 240
925 – 180
799 – 210

d) 36 : 4
400 : 5
216 : 3

2 Löse die Aufgaben im Kopf oder schriftlich.
Kontrolliere deine Ergebnisse mit dem Taschenrechner.

a) 438 + 7 = ☐
783 + 54 = ☐
567 + 170 = ☐

b) 6 · 43 = ☐
2 · 84 = ☐
4 · 48 = ☐

c) 532 – 5 = ☐
306 – 54 = ☐
623 – 280 = ☐

d) 63 : 3 = ☐
56 : 4 = ☐
135 : 5 = ☐

Seite 47 Aufgabe 2
a) 4 3 8 + 7 = 4 4 5 ✓
⋮
b) …

€ wird nicht eingetippt.

3 Überschlage zuerst.
Löse die Aufgaben dann mit dem Taschenrechner.

a) 3,48 € + 2,53 € = ☐
Ü: 3,50 € +

b) 19,98 € + 12,44 € + 4,89 € = ☐
Ü:

c) 0,65 € · 4 = ☐
Ü:

d) 2,45 € · 5 = ☐
Ü:

4 Rechne im Kopf oder schriftlich und anschließend mit dem Taschenrechner.
Überprüfe, ob dein Taschenrechner die Punkt-vor-Strich-Regel beachtet.

a) 460 – 70 : 10 = ☐
4 · 30 + 8 · 40 = ☐
150 : 30 + 520 = ☐

b) 3 · 250 – 500 = ☐
4 · 150 – 3 · 20 = ☐
500 : 50 + 200 : 40 = ☐

5 Geldbeträge bis 1 000 € bestimmen und zusammenstellen

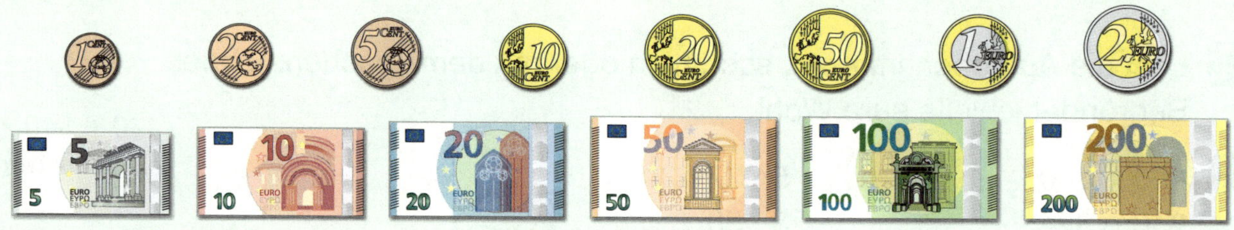

1 Bestimme die Geldbeträge.

a)

550 €

b)

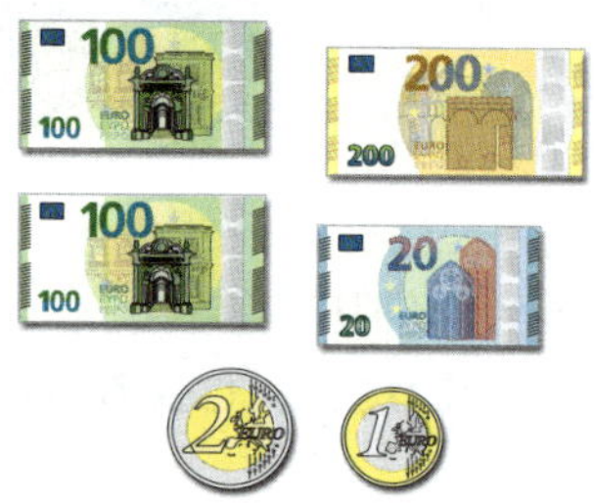

c)

d)

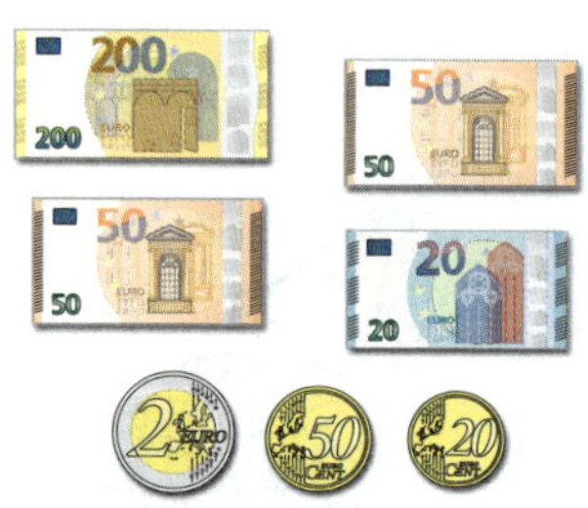

€ ct

e)

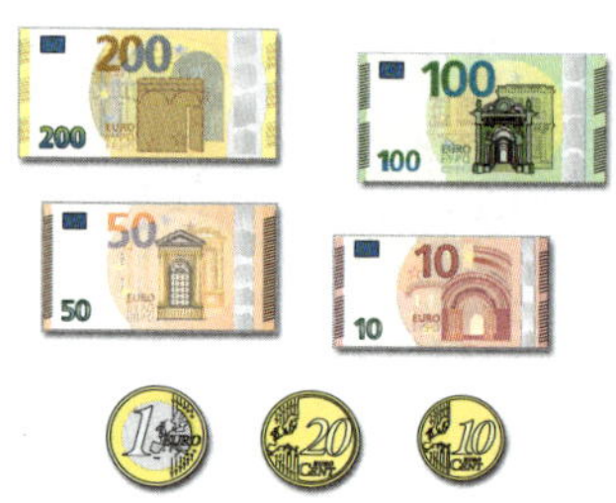

f)

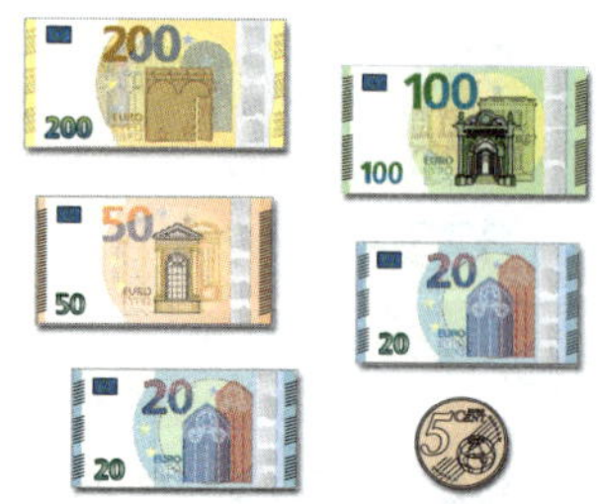

2 Finde passende Scheine und Münzen.

a)

100 € 100 € 100 €

50 € 20 €

370 €

b)

662 €

c)

465 € 20 ct

d)

576 € 65 ct

€ B

★ alle Geldscheine und Münzen bis 1000 Euro kennenlernen
★ mit Münzen und Scheinen dargestellte Geldbeträge bis 1000 Euro bestimmen
★ Geldbeträge nach Vorgabe zusammenstellen und zeichnen

3 Lege gemeinsam mit einem anderen Kind unterschiedliche Geldbeträge.
Findet jeweils den größten und den kleinsten Betrag, den ihr legen könnt, mit ...

a) ... zwei Scheinen.

5 € | 5 €

10 €

b) ... drei Scheinen.

c) ... vier Scheinen.

4 Lege die einzelnen Beträge einmal mit drei, einmal mit vier und einmal mit fünf Scheinen. Zeichne ein, wie du gelegt hast.

a) 500 €

b) 350 €

5 Stelle die Geldbeträge jeweils auf drei verschiedene Arten zusammen. Du kannst zuerst mit Rechengeld legen.

a) 243 €

b) 175 €

c) 126 € 15 ct

d) 565 € 30 ct

Seite 49 Aufgabe 5
a) 200 € ...
⋮
b) ...

6 Betrachte Kataloge und Prospekte.
Schreibe auf, was du kaufen könntest ...

a) ... mit 1 000 €.

b) ... mit 500 €.

c) ... mit 200 €.

d) ... mit 750 €.

Seite 49 Aufgabe 6
a) mit 1000 €: ...
b) ...

★ Geldbeträge auf unterschiedliche Weise zusammenstellen
★ Geldbeträge nach Vorgabe zusammenstellen
★ für verschiedene Geldwerte passende Repräsentanten finden

Geldbeträge in Euro und Cent unterschiedlich schreiben

1 Notiere die Geldbeträge auf drei Arten.

€	10 ct	1 ct	
7	0	5	*7 € 5 ct = 7,05 € = 705 ct*
6	1	5	
0	9	5	
3	5	0	

2 Wandle die Centbeträge (ct) in Euro (€) um. Schreibe mit Kommazahlen.

a) 408 ct = *4,08 €* b) 5 ct = ______ c) 395 ct = ______

d) 78 ct = ______ e) 725 ct = ______ f) 670 ct = ______

3 Schreibe die Geldbeträge mit Kommazahlen.

a) 82 € 50 ct = *82,50 €* b) 6 € 8 ct = ______ c) 17 € 83 ct = ______

d) 105 € 20 ct = ______ e) 5 € 10 ct = ______ f) 79 ct = ______

4 Wandle die Eurobeträge (€) in Cent (ct) um.

a) 8,20 € = *820 ct* b) 4,15 € = ______ c) 0,89 € = ______

d) 0,25 € = ______ e) 0,02 € = ______ f) 9,75 € = ______

5 Wandle um. Ergänze die Tabelle.

712 ct			8 ct		
7 € 12 ct	9 € 85 ct			4 € 5 ct	
7,12 €		6,30 €			0,70 €

AH 61

- ★ unterschiedliche Notationsformen für Geldbeträge kennenlernen
- ★ die Kommaschreibweise bei der Notation von Geldbeträgen in Euro und Cent kennenlernen
- ★ Geldbeträge auf unterschiedliche Weise notieren

1 Vergleiche die Geldbeträge. Setze die Zeichen <, > oder = passend ein.

a) 93,15 € > 39,51 €
549 ct ◯ 5,94 €
3 € 72 ct ◯ 372 ct

b) 349,23 € ◯ 394,32 €
504 ct ◯ 5,04 €
37 € 7 ct ◯ 37,70 €

c) 1 000 ct ◯ 10 €
0,50 € ◯ 0 € 5 ct
895 ct ◯ 8,59 €

2 Ordne die Geldbeträge.
Schreibe die Beträge in Kommaschreibweise der Größe nach geordnet auf.

a) Beginne mit dem kleinsten Betrag.

461,15 € | 15,42 € | 107 € 60 ct | 867 ct | ~~7,40 €~~

7,40 € < ______

b) Beginne mit dem größten Betrag.

205 ct | 3 € 80 ct | 405 € | 3,08 € | 35,75 €

______

3 Ergänze zum nächsten vollen Euro-Betrag.

a) 4,25 € + 0,75 € = 5 €
0,15 € + ______ = 1 €
2,05 € + ______ = 3 €

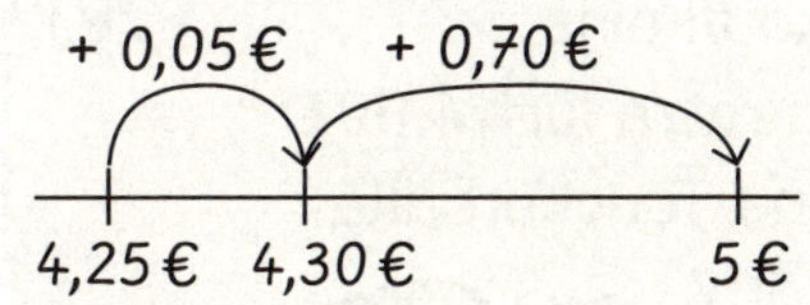

b) 9,99 € + ______ = ______
3,10 € + ______ = ______
0,01 € + ______ = ______

c) 3,71 € + ______ = ______
0,54 € + ______ = ______
5,36 € + ______ = ______

d) 1,10 € – 0,10 € = 1 €
3,05 € – ______ = 3 €
10,85 € – ______ = 10 €

e) 2,99 € – ______ = ______
4,01 € – ______ = ______
6,47 € – ______ = ______

★ Geldbeträge in verschiedenen Notationsformen vergleichen und ordnen
★ Geldbeträge in Kommaschreibweise bis zum nächsten vollen Euro ergänzen (Addition und Subtraktion)

1 Betrachte die Rechenwege der Kinder.
Wie rechnest du?
Besprich deine Überlegungen mit einem anderen Kind.

2 Löse die Aufgaben.
Addiere schriftlich oder in Schritten.

a) 4,25 € + 2,10 € = ▢
7,35 € + 5,55 € = ▢
16,29 € + 0,58 € = ▢

b) 3,65 € + 5,80 € = ▢
9,75 € + 4,45 € = ▢
34,79 € + 14,52 € = ▢

Seite 52 Aufgabe 2
a) ...

3 Berechne den Gesamtpreis.
Addiere schriftlich oder in Schritten.

a) Maja kauft eine Luftmatratze für 14,80 € und eine Taucherbrille für 12,30 €.

b) Ole kauft Inliner für 52,50 € und einen Helm für 38,90 €.

Seite 52 Aufgabe 3
a) ...

c) Patrick kauft ein Rätselbuch für 18,90 € und ein Kinderlexikon für 32,50 €.

d) Sofie kauft einen Basketballkorb für 68,90 € und einen Basketball für 13,50 €.

★ beim Addieren von Geldbeträgen in Kommaschreibweise verschiedene Vorgehensweisen nachvollziehen, den eigenen Rechenweg wählen, **SF:** Auswahl begründen ★ Geldbeträge in Kommaschreibweise addieren ★ Rechenwege in Sachsituationen anwenden

1 Betrachte die Rechenwege der Kinder.
Wie rechnest du?
Besprich deine Überlegungen mit einem anderen Kind.

2 Löse die Aufgaben.
Subtrahiere schriftlich oder in Schritten.

a) 8,95 € – 5,40 € = ▢
14,65 € – 6,25 € = ▢
27,32 € – 12,09 € = ▢

b) 20,00 € – 3,20 € = ▢
37,50 € – 6,90 € = ▢
45,20 € – 12,85 € = ▢

Seite 53 Aufgabe 2
a) ...

3 Berechne, wie viel Geld die Kinder übrig haben.
Subtrahiere schriftlich oder in Schritten.

a) Tobi hat 30 €.
Er kauft ein Wurfspiel für 24,50 €.

b) Lisa hat 90 €.
Sie kauft sich einen Alu-Scooter für 74,90 €.

Seite 53 Aufgabe 3
a) ...

c) Mai-Lin hat 40 €. Sie kauft sich eine große Wasserspritzpistole für 18,90 €.

d) Paul hat 20 €. Er kauft sich einen Flugdrachen für 13,80 €.

★ beim Subtrahieren von Geldbeträgen in Kommaschreibweise verschiedene Vorgehensweisen nachvollziehen, den eigenen Rechenweg wählen, **SF:** Auswahl begründen ★ Geldbeträge in Kommaschreibweise subtrahieren ★ Rechenwege in Sachsituationen anwenden

1 Betrachte die Rechenwege der Kinder.
Wie rechnest du?
Besprich deine Überlegungen mit einem anderen Kind.

2 Löse die Aufgaben.
Notiere deine Rechenschritte.

a) 2 · 0,40 € = ▢
5 · 4,10 € = ▢
4 · 3,20 € = ▢

b) 3 · 2,50 € = ▢
2 · 8,70 € = ▢
6 · 5,40 € = ▢

Seite 54 Aufgabe 2
a) …

3 Berechne die Preise
für folgende Einkäufe
am Blumenstand.
Notiere deine Rechenschritte.

Seite 54 Aufgabe 3
a) …

a) 

b) 

c) 

d) 

★ beim Multiplizieren von Geldbeträgen in Kommaschreibweise verschiedene Vorgehensweisen nachvollziehen, den eigenen Rechenweg wählen, **SF:** Auswahl begründen ★ Geldbeträge in Kommaschreibweise multiplizieren ★ Rechenwege in Sachsituation anwenden

1 Betrachte die Rechenwege der Kinder.
Überlege, wann welcher Weg günstiger ist.
Besprich deine Überlegungen mit einem anderen Kind.

2 Löse die Aufgaben.
Notiere deine Rechenschritte.

a) 3,50 € : 5 = ▢
2,25 € : 3 = ▢
4,80 € : 4 = ▢

b) 9,30 € : 3 = ▢
5,10 € : 6 = ▢
3,92 € : 8 = ▢

Seite 55 Aufgabe 2
a) ...

3 Berechne jeweils die Einzelpreise.
Notiere deine Rechenschritte.

Seite 55 Aufgabe 3
Brezel: ...

★ beim Dividieren von Geldbeträgen in Kommaschreibweise verschiedene Vorgehensweisen nachvollziehen, jeweils geeigneten Rechenweg wählen, **SF:** Auswahl begründen
★ Geldbeträge in Kommaschreibweise dividieren ★ Rechenwege in Sachsituation anwenden

5 Passende Fragen, Rechnungen und Antworten finden

1 Finde zu jeder Rechengeschichte (G) eine Rechnung (R) und die Antwort (A).

a) G: Janek kauft drei Päckchen mit Sammelkarten. Jedes Päckchen kostet 3,20 Euro.
F: Wie viel muss er bezahlen?

Seite 56 Aufgabe 1
a) R: ...
A: ...
b) ...

b) G: Lisa kauft ein Buch für 7,50 Euro und Briefpapier für 3,40 Euro.
F: Wie viel muss sie bezahlen?

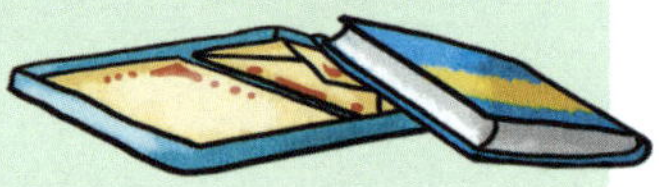

c) G: Lena hat 12 Euro. Sie möchte eine Jacke für 29,90 Euro kaufen.
F: Wie viel muss sie noch sparen?

d) G: Ole kauft für 12,90 Euro einen Fußball. Er bezahlt mit einem 20-Euro-Schein.
F: Wie viel bekommt er zurück?

e) G: Sofie kauft einen CD-Player im Sonderangebot für 35 Euro. Der bisherige Preis war 68,90 Euro.
F: Wie viel hat sie gespart?

2 G: Tim will bei seinem Kindergeburtstag basteln.
Er kauft Pinsel für 3,20 Euro, bunte Pappe für 5,10 Euro und Klebestifte für 4,60 Euro.
Seine Oma gibt ihm für den Einkauf 15 Euro.

a) Kreuze nur die Fragen (F) an, die du beantworten kannst.

- ○ F1: Wie viel muss Tim bezahlen?
- ○ F2: Reicht das Geld von seiner Oma?
- ○ F3: Wie viele Pinsel kauft Tim?
- ○ F4: Was kauft Tim ein?
- ○ F5: Wann hat Tim Geburtstag?
- ○ F6: Wie viel bekommt Tim zurück?
- ○ F7: Wen hat Tim eingeladen?
- ○ F8: Was bastelt Tim?
- ○ F9: Kann Tim von dem Geld noch zwei Filzstifte für je 1,20 Euro kaufen?

b) Finde zu den in a) angekreuzten Fragen (F) Antworten (A).
Notiere, wenn möglich, deine Rechnungen (R).

Seite 56 Aufgabe 2
b) F1: R: ...
A: ...

★ zu Rechengeschichten passende Rechnungen finden und lösen
★ zu einer vorgegebenen Rechengeschichte passende Fragen auswählen, Rechnungen und Antworten finden

1 Setze die Kärtchen jeweils zu einer Rechengeschichte zusammen. Schreibe die Buchstaben in der richtigen Reihenfolge auf. Ergänze die Rechnung (R) und den Antwortsatz (A).

Seite 57 Aufgabe 1
a) D – C – …
R: …
A: …
b) …

a)
- A Max erhält 1,80 Euro zurück.
- B Was kostet der Füller?
- C Er bezahlt mit einem 20-Euro-Schein.
- D Max kauft einen Füller.

b)
- A Er bezahlt mit zwei Scheinen.
- B Er erhält 5,15 Euro zurück.
- C Wie hat er bezahlt?
- D Sie kosten 14,85 Euro.
- E Patrick kauft Bildkarten.

c)
- A Sie muss noch 39,40 Euro sparen.
- B Es kostet 219,90 Euro.
- C Wie viel Geld hat sie schon?
- D Mai-Lin möchte ein Fahrrad kaufen.

2

	Kaufpreis	bezahlt	bekommt zurück
Milo May	89,70 €	100 €	
Aylin Deniz		200 €	24,20 €
Bo Beyer	36,50 €		13,50 €

Schreibe zu jeder Zeile der Tabelle eine Rechengeschichte (G).
Dabei kannst du folgende Fragen (F) verwenden:

- F: Wie viel Geld bekommt sie oder er zurück?
- F: Mit welchem Geldschein bezahlt sie oder er?
- F: Wie hoch ist der Kaufpreis?

Seite 57 Aufgabe 2
G: …
F: …
R: …
A: …

Schreibe die passende Rechnung (R) und Antwort (A) auf.
Prüfe zum Schluss, ob Frage, Rechnung und Antwort zusammenpassen.

3 G: Ole bekommt eine Hose, seine Schwester Mia eine Jacke. Mias Jacke kostet 30 Euro mehr als Oles Hose. Die Mutter gibt insgesamt 120 Euro aus.

F: Wie viel kostet Mias Jacke? Wie teuer ist Oles Hose?

Seite 57 Aufgabe 3
R: …
A: …

Schreibe die Rechnungen (R) und Antworten (A) auf.

★ SF: Teile einer Rechengeschichte folgerichtig zusammensetzen, Rechnungen und Antworten ergänzen ★ zu in einer Tabelle dargestellten Informationen Rechengeschichten finden und lösen ★ zu einer komplexen Rechengeschichte Rechnungen und Antworten finden

6 Beim Zusammenstellen eines Clowns alle Möglichkeiten finden

1 Aus den Karten kannst du lustige Clowns zusammenstellen.

a) Übertrage die Baumdiagramme, die Einstern begonnen hat, in dein Heft und setze sie fort. Benutze dabei statt der Bilder die Zahlen und Buchstaben auf den Karten.

b) Lies die Anzahl der Möglichkeiten an den Diagrammen ab. Notiere sie in deinem Heft.

Seite 58 Aufgabe 1

a) 1
A B
...

b) ...

c) Entscheide, welche Rechnung die Anzahl der Möglichkeiten darstellt. Schreibe sie auf. Besprich deine Entscheidung mit einem anderen Kind.

$2 \cdot 2 + 2$ $2 \cdot 2 \cdot 2$ $2 + 2 \cdot 2$ $2 + 2 + 2$

2 Es gibt für die Clowns eine Tröte und Jonglierbälle. Jetzt gibt es noch mehr Möglichkeiten, lustige Clowns zusammenzustellen.

a Überlege, wie viele Möglichkeiten es jetzt gibt. Notiere die Anzahl der Möglichkeiten.

b Überlege, wie sich die Rechnung verändert. Notiere die Rechnung, die jetzt passt.

c Ergänze deine Baumdiagramme aus Aufgabe 1 a). Überprüfe deine Überlegungen aus den Aufgaben 2 a und b.

Seite 58 Aufgabe 2

a) *Es gibt ... Möglichkeiten.*

b) ...

★ systematisches Vorgehen beim Finden aller Möglichkeiten in einem Baumdiagramm notieren ★ Anzahl der Möglichkeiten erkennen und Rechnung zum Finden aller Möglichkeiten auswählen ★ Vorgehensweisen und Erkenntnisse übertragen

1 Es gibt verschiedenfarbiges Geschirr:
Teller: rot und blau Untertassen: gelb und grün Tassen: lila und orange

a) Kreuze das passende Baumdiagramm an und bestimme die Anzahl der Möglichkeiten.

○
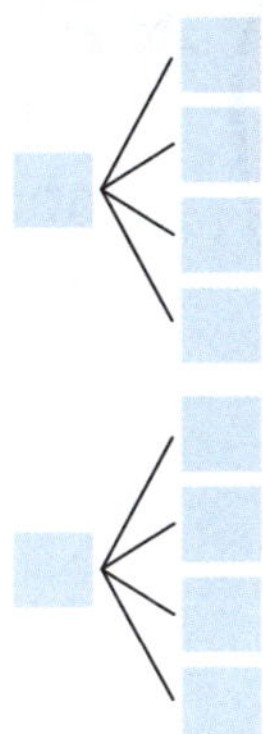
☐ Möglichkeiten

○
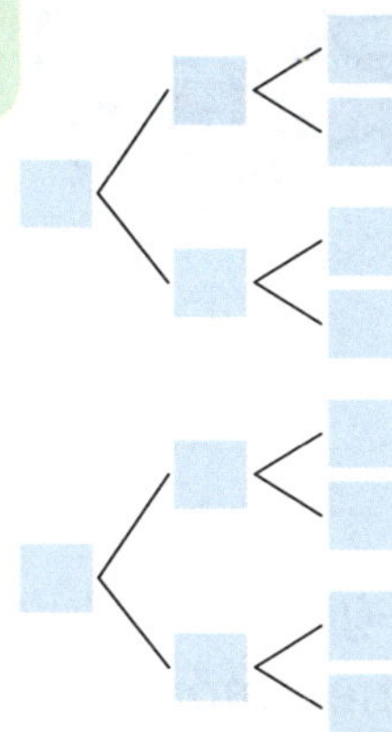
☐ Möglichkeiten

○
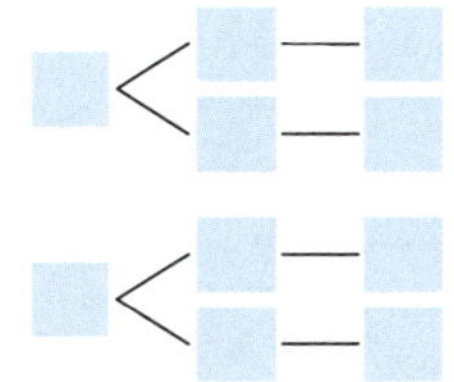
☐ Möglichkeiten

b) Zeichne alle Möglichkeiten.

2 In der Schule wird ein kleines Fußballturnier veranstaltet. Vier Gruppen nehmen teil: A, B, C und D. Alle sollen jeweils nur einmal gegeneinander spielen.

a) Wähle die passende Skizze aus und bestimme die Anzahl der Spiele.

○

	A	B	C	D
A		×	×	×
B	×		×	×
C	×	×		×
D	×	×	×	

☐ Spiele

○
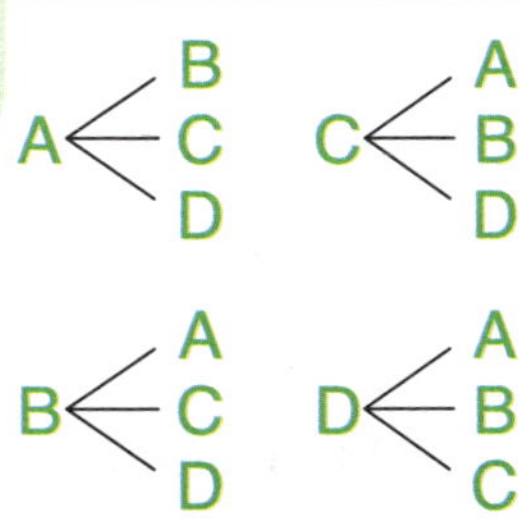

☐ Spiele

○
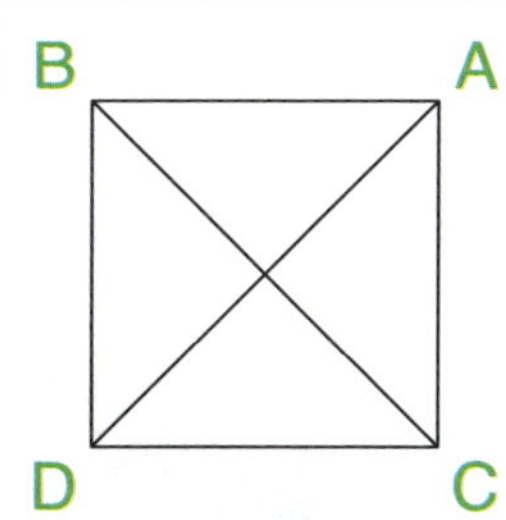

☐ Spiele

b) Suche dir ein anderes Kind. Erkläre den „Fehler" in zwei der drei Skizzen.

1 Paul nimmt mit verbundenen Augen vier Murmeln aus dem Glas.
Entscheide, ob die Aussage sicher, möglich oder unmöglich ist.

	sicher	möglich	unmöglich
Alle vier Murmeln sind gelb.	◯	◯	◯
Drei Murmeln sind rot und eine ist blau.	◯	◯	◯
Alle vier Murmeln sind rot.	◯	◯	◯
Zwei Murmeln sind rot und zwei sind gelb.	◯	◯	◯
Mindestens eine Murmel ist gelb.	◯	◯	◯

2 Jetzt nimmt Paul sechs Murmeln aus diesem Glas.
Finde selbst eine Aussage, die …

a) … sicher ist: ______________________

b) … möglich ist: ______________________

c) … unmöglich ist: ______________________

3 Zeichne in das Glas Murmeln, die zu der Aussage passen.

Paul nimmt 3 Murmeln aus dem Glas. Es ist sicher, dass eine Murmel rot und eine gelb ist.

★ die Wahrscheinlichkeit von Handlungsergebnissen bewerten
★ **SF:** zum vorhergesagten Handlungsergebnis passende Aussagen formulieren
★ eine zum vorhergesagten Handlungsergebnis passende Ausgangssituation zeichnen

Ein Glücksrad hat verschiedene Felder.
Es wird gedreht und bleibt irgendwann stehen.
Eine Markierung zeigt dann auf ein Feld.

1 Ergänze die Aussagen. Verwende die Begriffe sicher, möglich und unmöglich.

a)

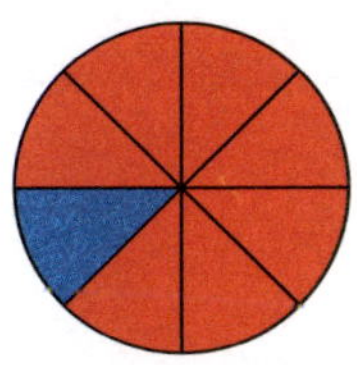

Dass Rot gewinnt,
ist ______________.

Dass Blau gewinnt,
ist ______________.

b)

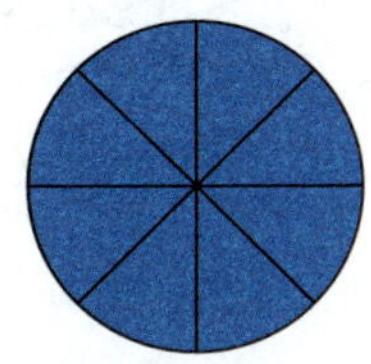

Dass Rot gewinnt,
ist ______________.

Dass Blau gewinnt,
ist ______________.

c)

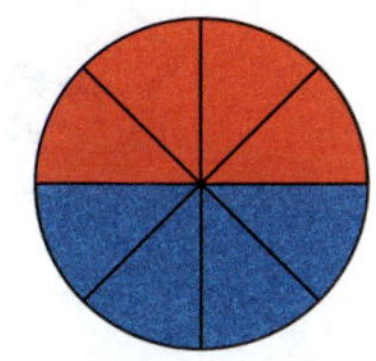

Dass Rot gewinnt,
ist ______________.

Dass Blau gewinnt,
ist ______________.

2 Ordne zu.

Die Chance, dass Rot gewinnt, ist größer als die Chance, dass Blau gewinnt.

Die Chance, dass Rot gewinnt, ist kleiner als die Chance, dass Blau gewinnt.

Die Chance, dass Rot gewinnt, ist genauso groß wie die Chance, dass Blau gewinnt.

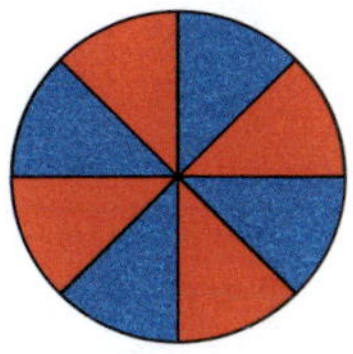

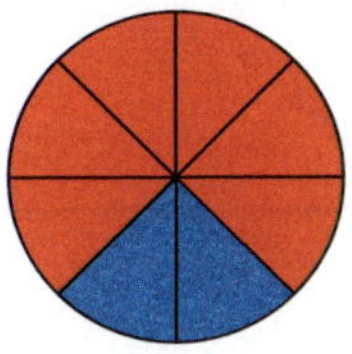

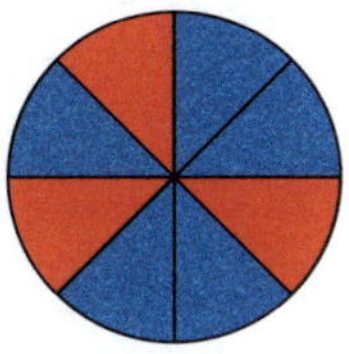

3 Zeichne ein Glücksrad, bei dem …

a … Rot eine große Chance hat, zu gewinnen.

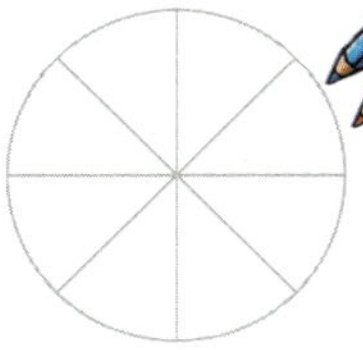

b … Rot und Blau etwa gleiche Gewinnchancen haben.

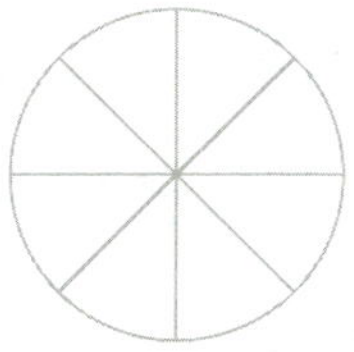

★ die Funktionsweise eines Glücksrads kennenlernen ★ bei unterschiedlich eingefärbten Glücksrädern die Wahrscheinlichkeit der Gewinnchancen einschätzen ★ vorgegebenen Gewinnchancen passende Glücksräder zuordnen und zeichnen

AH 64

6 Die Häufigkeit von Würfelergebnissen ermitteln

1 Suche dir ein anderes Kind.
Würfelt mindestens 50-mal mit zwei Würfeln.
Bildet jeweils die Summe der gewürfelten Zahlen.
Notiert eure Ergebnisse in Form einer Strichliste.

Summe der Augenzahlen	Anzahl der Würfe

2 Ermittle, welche Summen beim Würfeln mit zwei Würfeln entstehen können.

a) Fülle die Tabelle aus.

+	⚀	⚁	⚂	⚃	⚄	⚅
⚀	2	3	4			
⚁	3	4				
⚂						
⚃						
⚄						
⚅						

b) Stelle deine Ergebnisse aus a) in einem Säulendiagramm dar.

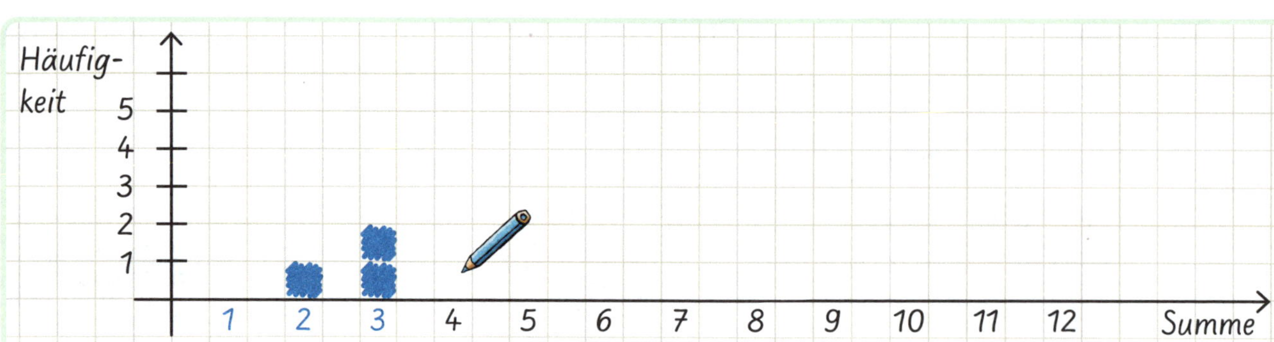

c) Betrachte mit einem anderen Kind das Säulendiagramm. Besprecht, was euch auffällt. Sucht Begründungen.

3 Überlegt gemeinsam, welche Ergebnisse ihr beim Werfen mit drei Würfeln häufig erhaltet und welche selten. Überprüft eure Vermutung, indem ihr würfelt und wie in Aufgabe 1 eine Strichliste anfertigt.

Seite 62 Aufgabe 3
...

D 66

⋆ einfaches Zufallsexperiment durchführen, Ergebnisse tabellarisch und im Säulendiagramm auswerten und begründen
⋆ Erkenntnisse auf erweitertes Zufallsexperiment übertragen

Einstern 3

Themenheft 4

- Multiplikation und Division
- Gewichte · Geld
- Kombinatorik und Wahrscheinlichkeit

Erarbeitet von: Roland Bauer und Jutta Maurach

Redaktion: Agnetha Heidtmann, Friederike Thomas, Sophie Yurdakul

Illustration: Yo Rühmer

Grafiken (Scheine und Münzen): Christine Wächter

Umschlaggestaltung: Cornelia Gründer, agentur corngreen, Leipzig

Layout: lernsatz.de

technische Umsetzung: Reemers Publishing Services GmbH

Bildquellen: **S. 48 Euroscheine:** Cornelsen/Christine Wächter/Deutsche Bundesbank; **Euro- und Centmünzen-Wertseite:** Cornelsen/Christine Wächter/Deutsche Bundesbank/Luc Luycx aus Belgien.

Textquelle: **S. 29 Empfehlung der Kinderkommission des Deutschen Bundestages zum Ranzenhöchstgewicht:** zitiert nach https://www.yumpu.com/de/document/read/610502/so-packe-ich-den-ranzen-richtig-hinweise-fur-schuler-eltern-und- (Abruf 08.06.2022), aus didaktischen Gründen verändert

Begleitmaterialien für Lernende der dritten Klasse

Einstern 3 Paket Verbrauchsmaterial	978-3-06-084736-5
Einstern 3 Paket *leicht gemacht* Verbrauchsmaterial	978-3-06-084742-6
Einstern 3 Arbeitsheft	978-3-06-084759-4
Einstern 3 Übungssternchen	978-3-06-084733-4
Einstern 3 BuchTaucher-App	978-3-06-084764-8
Einstern 3 interaktive Übungen	978-3-06-084769-3

www.cornelsen.de

1. Auflage, 1. Druck 2022

Alle Drucke dieser Auflage sind inhaltlich unverändert und können im Unterricht nebeneinander verwendet werden.

Druck: Parzeller print & media GmbH & Co. KG, Fulda

ISBN 978-3-06-084715-0

PEFC
PEFC/04-31-1308

PEFC zertifiziert
Dieses Produkt stammt aus nachhaltig bewirtschafteten Wäldern und kontrollierten Quellen.
www.pefc.de

Vorschläge für Plenumsphasen zum vertiefenden Erwerb prozessbezogener Kompetenzen

S. 4	Kinder beschreiben anhand von Beispielen, wie aus den Kernaufgaben die Lösungen weiterer Multiplikationsaufgaben erschlossen werden können; sie benennen auch Kriterien guter Beschreibungen
S. 7	Kinder begründen anhand von Beispielen, warum ein Rest bei der Division kleiner sein muss als der Divisor
S. 8	Kinder lösen Aufgaben mit und ohne Beachtung der Punkt-vor-Strich-Regel und vergleichen die Ergebnisse
S. 13/14	Kinder beschreiben anhand von Beispielen, wie verwandte Aufgaben bei der Multiplikation und Division mit Zehnerzahlen als Rechenhilfe genutzt werden können
S. 18	Kinder stellen ihre selbst erfundenen Zahlenrätsel vor und überprüfen diese auf Plausibilität
S. 32/36	Kinder stellen ihre Rechenschritte vor, vergleichen und bewerten unterschiedliche Vorgehensweisen
S. 35	Kinder beschreiben anhand von Beispielen den Nutzen von Nachbaraufgaben beim geschickten Rechnen
S. 37	Kinder beschreiben Möglichkeiten und Grenzen der Fehlersuche mithilfe der Überschlagsrechnung
S. 49	Kinder stellen ihre gefundenen Repräsentanten für unterschiedliche Geldbeträge vor
S. 54	Kinder nutzen und vergleichen unterschiedliche Vorgehensweisen beim Multiplizieren von Geldbeträgen in Kommaschreibweise, sie erkennen dabei die Grenzen des Rechnens mit Centbeträgen im Zahlenraum bis 1000
S. 55	Kinder vergleichen und bewerten unterschiedliche Vorgehensweisen beim Dividieren von Geldbeträgen in Kommaschreibweise
S. 58	Kinder stellen anhand von Baumdiagrammen die Anzahl aller Kombinationsmöglichkeiten und passende rechnerische Lösungen vor
S. 60	Kinder beschreiben Ergebnisse einfacher Zufallsexperimente, sie leiten daraus Vermutungen für Ergebnisse bei veränderten Bedingungen ab
S. 61	Kinder stellen ihre selbst gezeichneten Glücksräder vor und vergleichen diese im Hinblick auf Gewinnchancen

Vorschläge für die Förderung von Medienkompetenz

S. 11	Kinder erstellen eine Merktafel zu Fachbegriffen der Multiplikation und Division
S. 16	Kinder recherchieren selbst Beispiele zum Multiplizieren und Dividieren mit Zehnerzahlen und präsentieren diese
S. 18	Kinder erstellen eine (digitale) Sammlung/ein Buch für die Klasse mit selbst verfassten Zahlenrätseln
S. 19	Kinder erstellen eine (digitale) Sammlung/ein Buch mit den von den Kindern selbst verfassten Rechengeschichten
S. 21	Kinder erstellen Pfeilbilder am PC
S. 22	Kinder recherchieren im Internet/in Büchern nach weiteren Waagen und ihren Einsatzmöglichkeiten und präsentieren diese unter Angabe ihrer Quellen
S. 26	Kinder recherchieren im Internet/in Büchern selbst ein Rezept und berechnen die Mengen der Zutaten
S. 58	Kinder erstellen Baumdiagramme am PC
S. 62	Kinder suchen und verwenden für das Würfeln mit mehreren Würfeln digitale Würfeltools; Kinder erkunden digitale Zeichen-/Schreibprogramme und prüfen, ob und wie sie mit diesen Tabellen und Diagramme erstellen können

Synopse zu den Medienkompetenzbereichen

Suchen, Verarbeiten und Aufbewahren	S. 11, 16, 18, 19, 22, 24, 26, 30, 49
Kommunizieren und Kooperieren	S. 22
Produzieren und Präsentieren	S. 11, 15, 16, 18, 19, 22, 24
Problemlösen und Handeln	S. 5, 21, 34, 45, 46, 47, 58, 62